**16G101图集**

**这样用更简单！**

# 平法钢筋识图与算量实例教程
# （框架结构）

魏文彪　主编

U0303267

华中科技大学出版社
http://www.hustp.com
中国·武汉

# 编写委员会

主　编：魏文彪

编　委：郭华良　张日新　郭丽峰

张福芳　葛新丽　梁燕倩

李同庆　郝鹏飞　郭丽荣

张　蒙　彭美丽　张爱平

郭玉忠　计富元　王利彪

陈　楠　张海鹰　魏文艳

潘寅杰　罗　艳　苗　丽

# 内容提要

　　本书共分为七章。第一章主要介绍了平法、钢筋及钢筋算量的基础知识;第二、三、四章分别介绍了梁、板、柱平法施工图的识图和钢筋的计算;第五章介绍了独立基础、条形基础及筏形基础平法施工图的识图和钢筋的计算;第六章介绍了楼梯平法施工图的识图及钢筋的计算;第七章以某框架结构平法施工图实例来说明平法施工图的识读。

　　本书可作为施工人员及工程造价人员的培训教材,也可供大中专院校土木工程、工程造价、工程管理等相关专业的老师和学生学习参考。

# 前　言

　　平法,即建筑结构施工图平面整体设计方法,由陈青来教授首次提出。平法的产生,极大地提高了结构设计的效率,大大减少了绘制图纸的数量,可以说是历史性的改革和突破。到目前为止,平法已广泛应用于施工图中。

　　如今,随着我国经济的发展,建筑行业的从业人员越来越多,提高从业人员的基本素质和专业技能已成为当务之急。为了使相关从业人员能快速地看懂平法施工图,正确地进行钢筋计算,我们针对工程中较为常见的框架结构、剪力墙结构,编写了这套"16G101 图集这样用更简单"系列丛书。本套丛书包括《平法钢筋识图与算量实例教程(框架结构)》和《平法钢筋识图与算量实例教程(剪力墙结构)》。

　　本书依据《混凝土结构施工图平面整体表示方法制图规则和构造详图(现浇混凝土框架、剪力墙、梁、板)》(16G101－1)、《混凝土结构施工图平面整体表示方法制图规则和构造详图(现浇混凝土板式楼梯)》(16G101－2)、《混凝土结构施工图平面整体表示方法制图规则和构造详图(独立基础、条形基础、筏型基础及桩基承台)》(16G101－3)等图集编写,共分为七章。

　　本书的编写过程中,参考了大量的文献资料,借鉴、改编了大量的案例。为了编写方便,未能对所引用的文献资料和案例一一注明,在此,我们向有关专家和原作者致以真诚的感谢。

　　由于编者的水平有限,书中难免会有疏漏、不足之处,恳请广大读者批评指正。

编　者

2017 年 1 月

# Contents 目录

**参考文献**

# 第一章 平法钢筋识图与算量基础知识

## 第一节 平法基础知识

### 一、平法简介

#### 1. 平法的概念

平法，即"建筑结构施工图平面整体表示方法"，是将结构构件的尺寸和配筋等，按照平面整体表示方法的制图规则，整体直接将各类构件表达在结构平面布置图上，再与标准构造详图配合，即构成一套新型完整的结构设计。

平法是对结构设计技术方法的理论化、系统化，是对传统设计方法的一次深化变革。其是一种科学合理、简洁高效的结构设计方法，具体体现在：图纸数量少、层次清晰；识图、记忆、查找、核对、审核、验收较方便；图纸与施工顺序一致；对结构易形成整体概念。

平法将结构设计分为创意性设计内容和重复性（非创意性）设计内容两部分。设计者采用制图规则中标准符号、数字来体现其设计内容，属于创意性内容；传统设计中大量重复表达的内容，如节点详图，搭接、锚固值，加密范围，属于重复性（非创意性）设计内容。重复性设计内容部分（主要是节点构造和构件构造）以"广义标准化方式"编制成国家建筑标准构造设计有其现实合理性，符合现阶段的中国国情。标准构造设计由设计者完成，构造设计缺乏必要条件：结构分析结果不包括节点内的应力；以节点边界内力进行节点设计的理论依据并不充分；节点设计缺少足够的试验数据。构造设计缺少试验依据是普遍现象，现阶段由国家建筑标准设计将其统一起来，是一种理性的设计。

#### 2. 平法的原理

平法的系统科学原理在于：平法视全部设计过程与施工过程为一个完整的主系统，主系统由多个子系统构成，主要包括以下几个子系统：基础结构、柱墙结构、梁结构、板结构，各子系统有明确的层次性、关联性、相对完整性。

(1)层次性。基础、柱墙、梁、板，均为完整的子系统。

(2)关联性。柱、墙以基础为支座——柱、墙与基础关联；梁以柱为支座——梁与柱关联；板以梁为支座梁——板与梁关联。

(3)相对完整性。对于基础自成体系，仅有自身的设计内容而无柱或墙的设计内容；对于柱、墙自成体系，仅有自身的设计内容(包括在支座内的锚固纵筋)而无梁的设计内容；对于梁自成体系，仅有自身的设计内容(包括锚固在支座内的纵筋)而无板的设计内容；对于板自成体系，仅有板自身的设计内容(包括锚固在支座内的纵筋)。在设计出图的表现形式上它们都是独立的板块。

**3. 平法的实用效果**

(1)平法采用标准化的设计制图规则，结构施工图表达数字化、符号化，单张图纸的信息量多而且集中；构件分类明确，层次清晰，表达准确，设计速度快，效率成倍提高；平法使设计者易掌握全局，易进行平衡调整、易修改、易校审，改图可不牵动其他构件，易控制设计质量；平法既能适应业主分阶段分层提图施工的要求，也可适应在主体结构开始施工后又进行大幅度调整的特殊情况。平法分结构层设计的图纸和水平逐层施工的顺序完全一致，对标准层可实现单张图纸施工，施工工程师对结构比较容易形成整体概念，有利于施工质量管理。

(2)平法采用标准化的构造设计，形象、直观，施工易懂、易操作。标准构造详图集国内较成熟、可靠的常规节点构造之大成，集中分类归纳整理后编织成国家建筑标准设计图集供设计选用，可避免构造做法反复抄袭及由此产生的设计失误，保证节点构造在设计与施工两个方面均达到高质量。此外，对节点构造的研究、设计和施工实现专门化提出了更高的要求，已初步形成结构设计与施工的部分技术规则。

(3)平法大幅度降低设计成本，减少设计消耗，节约自然资源。平法施工图是有序化、定量化的设计图纸，与其配套使用的标准设计图集可以重复使用，与传统方法相比，图纸量减少了70%以上，减少了综合设计工日，降低了设计成本，在节约人力资源的同时也节约了自然资源，为保护自然环境间接做出突出贡献。

## 二、平法制图与传统图示方法的不同

平法施工图把结构构件的尺寸和配筋等，按照平面整体表示方法的制图规则，整体直接地表示在各类构件的结构布置平面图上，再与标准构造详图配合，结合成了一套新型完整的结构设计表示方法。它改变了传统的那种将构件(柱、剪力墙、梁)从结构平面设计图中索引出来，再逐个绘制模板详图和配筋详图的烦琐办法。

(1)如框架图中的梁和柱，在"平法制图"中的钢筋图示方法，施工图中只绘制梁、柱平面图，不绘制梁、柱中配置钢筋的立面图(梁不画截面图；而柱在其平面图上，只按编号不同各取一个在原位放大画出带有钢筋配置的柱截面图)。

(2)传统的框架图中的梁和柱，既画梁、柱平面图，同时也绘制梁、柱中配置钢筋的立面图及其截面图;但在"平法制图"中的钢筋配置,省略不画这些图,而是去查阅《混凝土结构施工图平面整体表示方法制图规则和构造详图》。

(3)传统的混凝土结构施工图,可以直接从其绘制的详图中读取钢筋配置尺寸,而"平法制图"则需要查找相应的详图——《混凝土结构施工图平面整体表示方法制图规则和构造详图》中相应的详图,而且,钢筋的大小尺寸和配置尺寸均以"相关尺寸"(跨度、钢筋直径、搭接长度、锚固长度等)为变量的函数来表达,而不是具体数字,借此用来实现其标准图的通用性。概括地说,"平法制图"使混凝土结构施工图的内容简化了。

(4)柱与剪力墙的"平法制图",均以施工图列表注写方式,表达其相关规格与尺寸。

(5)"平法制图"中的突出特点,表现在梁的"原位标注"和"集中标注"上。"原位标注"分两种:标注在柱子附近处,且在梁上方,是承受负弯矩的箍筋直径和根数,其钢筋布置在梁的上部;标注在梁中间且下方的钢筋,是承受正弯矩的,其钢筋布置在梁的下部。"集中标注"是从梁平面图的梁处引铅垂线至图的上方,注写梁的编号、挑梁类型、跨数、截面尺寸、箍筋直径、箍筋肢数、箍筋间距、梁侧面纵向构造钢筋或受扭钢筋的直径和根数、通长筋的直径和根数等。如果"集中标注"中有通长筋时,则"原位标注"中的负筋数包含通长筋的数。

(6)在传统混凝土结构施工图中,计算斜截面的抗剪强度时,在梁中配置45°或60°的弯起钢筋。而在"平法制图"中,梁不配置这种弯起钢筋,而是由加密的箍筋来承受其斜截面的抗剪强度。

## 三、平法的适用范围

16G101图集包括:《混凝土结构施工图平面整体表示方法制图规则和构造详图(现浇混凝土框架、剪力墙、梁、板)》(16G101-1)、《混凝土结构施工图平面整体表示方法制图规则和构造详图(现浇混凝土板式楼梯)》(16G101-2)、《混凝土结构施工图平面整体表示方法制图规则和构造详图(独立基础、条形基础、筏形基础及桩基础)》(16G101-3)(以下简称16G101-1图集、16G101-2图集、16G101-3图集)。

16G101-1图集适用于抗震设防烈度为6~9度地区的现浇混凝土框架、剪力墙、框架一剪力墙和部分框支剪力墙等主体结构施工图的设计,以及各类结构中的现浇混凝土板(包括有梁楼盖和无梁楼盖)、地下室结构部分现浇混凝土墙体、柱、梁、板结构施工图的设计。

16G101-2图集适用于非抗震及抗震设防烈度为6~9度地区的现浇钢筋混凝土板式楼梯。

16G101-3图集适用于各种结构类型现浇混凝土独立基础、条形基础、筏形基础(分为梁板式和平板式)及桩基础施工图设计。

### ◀━━●━━ 第二节　钢筋基础知识 ━━●━━▶

## 一、钢筋的等级选用

根据《混凝土结构设计规范（2015 年版）》（GB 50010—2010）中的相关规定，混凝土结构中的钢筋应按下列规定选用：

（1）纵向受力普通钢筋宜采用 HRB400、HRB500、HRBF400、HRBF500 钢筋；梁、柱和斜撑构件的纵向受力普通钢筋应采用 HRB400、HRB500、HRBF400、HRBF500 钢筋。

（2）箍筋宜采用 HRB400、HRBF400、HPB300、HRB500、HRBF500 钢筋。

（3）预应力筋宜采用预应力钢丝、钢绞线和预应力螺纹钢筋。

## 二、钢筋的表示方法

### 1. 钢筋的一般表示方法

（1）普通钢筋的表示方法见表 1-1。

**表 1-1　普通钢筋的表示**

| 序号 | 名称 | 图例 | 说明 |
|:---:|:---:|:---:|:---|
| 1 | 钢筋断面 | ● | — |
| 2 | 无弯钩的钢筋端部 | | 下图表示长、短钢筋投影重叠时，短钢筋的端部用 45°短画线表示 |
| 3 | 带半圆形弯钩的钢筋端部 | | — |
| 4 | 带直钩的钢筋端部 | | — |
| 5 | 带丝扣的钢筋端部 | | — |
| 6 | 无弯钩的钢筋搭接 | | — |
| 7 | 带半圆弯钩的钢筋搭接 | | — |
| 8 | 带直钩的钢筋搭接 | | — |
| 9 | 花篮螺丝的钢筋接头 | | — |
| 10 | 机械连接的钢筋接头 | | 用文字说明机械连接的方式（如冷挤压或直螺纹） |

(2)预应力钢筋的表示方法见表1-2。

表1-2　预应力钢筋的表示

| 序号 | 名称 | 图例 |
|---|---|---|
| 1 | 预应力钢筋或钢绞线 | —————·‥————·‥————— |
| 2 | 后张法预应力钢筋断面、无黏结预应力钢筋断面 | ⊕ |
| 3 | 预应力钢筋断面 | + |
| 4 | 张拉端锚具 | ▷—·‥———·‥— |
| 5 | 固定端锚具 | ◁—·‥———·‥— |
| 6 | 锚具的端视图 | ⊕ |
| 7 | 可动连接件 | ———‡——— |
| 8 | 固定连接件 | ———·‥─‡─·‥——— |

(3)钢筋网片的表示方法见表1-3。

表1-3　钢筋网片的表示

| 名称 | 图例 |
|---|---|
| 一片钢筋网平面图 | W-1 |
| 一行相同的钢筋网平面图 | 3W-1 |

(4)钢筋的焊接接头的表示方法见表1-4。

表1-4　钢筋的焊接接头的表示

| 名称 | 接头形式 | 标注方法 |
|---|---|---|
| 单面焊接的钢筋接头 | | |
| 双面焊接的钢筋接头 | | |
| 用帮条单面焊接的钢筋接头 | | |
| 用帮条双面焊接的钢筋接头 | | |
| 接触对焊的钢筋焊头(闪灯焊、压力焊) | | |
| 坡口平焊的钢筋接头 | | |

续表

| 名称 | 接头形式 | 标注方法 |
|---|---|---|
| 坡口立焊的钢筋接头 | | |
| 用角钢或扁钢做连接板焊接的钢筋接头 | | |
| 钢筋或螺（锚）栓与钢板穿孔塞焊的接头 | | |

（5）钢筋的画法见表1-5。

**表1-5　钢筋的画法**

| 序号 | 图例 | 说明 |
|---|---|---|
| 1 | （底层）　　（顶层） | 在结构楼板中配置双层钢筋时，底层钢筋的弯钩应向上或向左，顶层钢筋的弯钩则应向下或向右 |
| 2 | JM　JM　YM / JM　JM　YM | 钢筋混凝土墙体配双层钢筋时，在配筋立面图中，远面钢筋的弯钩应向上或向左，而近面钢筋的弯钩应向下或向右（JM：近面，YM：远面） |
| 3 | | 若在断面图中不能表达清楚钢筋布置，应在断面图外增加钢筋大样图（如钢筋混凝土墙、楼梯） |
| 4 | | 若图中所表示的箍筋、环筋等布置复杂时，可加画钢筋大样及说明 |
| 5 | | 每组相同的钢筋、箍筋或环筋，可用一根粗实线表示，同时用一根带斜短画线的横穿细线，表示其钢筋及起止范围 |

（6）钢筋的标注方法。

钢筋的直径、根数或相邻钢筋中心距一般采用引出线方式标注，其尺寸标注有下列两种形式：

①标注钢筋的根数、等级和直径,如梁内受力筋和架立筋,如图1-1所示。

**图1-1 钢筋的尺寸标注(一)**

②标注钢筋的等级、直径和相邻钢筋中心距,如梁内箍筋和板内钢筋,如图1-2所示。

**图1-2 钢筋的尺寸标注(二)**

(7)钢筋、钢丝网及钢筋网片的标注应按下列规定进行标注。

①钢筋、钢丝束的说明应给出钢筋的代号、直径、数量、间距、编号及所在位置,其说明应沿钢筋的长度标注或标注在相关钢筋的引出线上。

②钢筋网片的编号应标注在对角线上。网片的数量应与网片的编号标注在一起。

③钢筋、杆件等编号的直径宜采用5～6 mm的细实线圆表示,其编号应采用阿拉伯数字按顺序编写。

④简单的构件、钢筋种类较少可不编号。

(8)钢筋在平面、立面、剖(断)面中的表示方法应符合下列规定。

①钢筋在平面图中的配置应按图1-3所示的方法表示。当钢筋标注的位置不够时,可采用引出线标注。引出线标注钢筋的斜短画线应为中实线或细实线。

**图1-3 钢筋在楼板配筋图中的表示方法**

②当构件布置较简单时，结构平面布置图可与板配筋平面图合并绘制。

③平面图中的钢筋配置较复杂时，可按表1-5的方法绘制，其表示方法如图1-4所示。

**图1-4　楼板配筋较复杂的表示方法**

④钢筋在梁纵、横断面图中的配置，应按图1-5所示的方法表示。

**图1-5　梁纵、横断面图中钢筋表示方法**

⑤构件配筋图中箍筋的长度尺寸，应指箍筋的里皮尺寸。弯起钢筋的高度尺寸应指钢筋的外皮尺寸，如图1-6所示。

（a）　　　　（b）　　　　（c）　　　　（d）

**图1-6　钢箍尺寸标注法**

（a）箍筋尺寸标注；（b）弯起钢筋尺寸标注；（c）环形钢筋尺寸标注；（d）螺旋钢筋尺寸标注

**2. 文字注写构件的表示方法**

(1)在现浇混凝土结构中,构件的截面和配筋等数值可采用文字注写方式表达。

(2)按结构层绘制的平面布置图中,直接用文字表达各类构件的编号(编号中含有构件的类型代号和顺序号)、断面尺寸、配筋及有关数值。

(3)混凝土柱可采用列表注写和在平面布置图中截面注写方式,并应符合下列规定:

①列表注写应包括柱的编号、各段的起止标高、断面尺寸、配筋、断面形状和箍筋的类型等有关内容。

②截面注写可在平面布置图中,选择同一编号的柱截面,直接在截面中引出断面尺寸、配筋的具体数值等,并应绘制柱的起止高度表。

(4)混凝土梁可采用在平面布置图中的平面注写和截面注写方式,并应符合下列规定:

①平面注写可在梁平面布置图中,分别在不同编号的梁中选择一个,直接注写编号、断面尺寸、跨数、配筋的具体数值和相对高差(无高差可不注写)等内容。

②截面注写可在平面布置图中,分别在不同编号的梁中选择一个,用剖面号引出截面图形并在其上注写断面尺寸、配筋的具体数值等。

(5)重要构件或较复杂的构件,不宜采用文字注写方式表达构件的截面尺寸和配筋等有关数值,宜采用绘制构件详图的表示方法。

(6)基础、楼梯、地下室结构等其他构件,当采用文字注写方式绘制图纸时,可采用在平面布置图上直接注写有关具体数值,也可采用列表注写的方式。

(7)采用文字注写构件的尺寸、配筋等数值的图纸,应绘制相应的节点做法及标准构造详图。

**3. 预埋件、预留孔洞的表示方法**

(1)在混凝土构件上设置预埋件时,可按图1-7的规定在平面图或立面图上表示。引出线指向预埋件,并标注预埋件的代号。

**图1-7 预埋件的表示方法**

(a)平面图;(b)立面图

(2)在混凝土构件的正、反面同一位置均设置相同的预埋件时,可按图1-8的规定,引出线为一条实线和一条虚线并指向预埋件,同时在引出横线上标注预埋件的数量及代号。

(3)在混凝土构件同一位置的正、反面设置编号不同的预埋件时,可按图1-9的规定引一条实线和一条虚线并指向预埋件。引出横线上标注正面预埋件代号,引出横线下标注反面预埋件代号。

图 1-8　同一位置正、反面预埋件相同的表示方法　　图 1-9　同一位置正、反面预埋件不相同的表示方法

（4）在构件上设置预留孔、洞或预埋套管时，可按图 1-10 的规定在平面或断面图中表示。引出线指向预留（埋）位置，引出横线上方标注预留孔、洞的尺寸和预埋套管的外径。横线下方标注孔、洞（套管）的中心标高或底标高。

图 1-10　预留孔、洞及预埋套管的表示方法

(a)平面图；(b)断面图

## 三、钢筋的分类及作用

钢筋按其在构件中起的作用不同，通常加工成各种不同的形状。构件中常见的钢筋可分为主钢筋（纵向受力钢筋）、弯起钢筋（斜钢筋）、架立钢筋、分布钢筋、腰筋、拉筋和箍筋几种类型，如图 1-11 所示。

图 1-11　钢筋在构件中的种类

(a)梁；(b)柱；(c)悬臂板

**1. 主钢筋**

主钢筋又称纵向受力钢筋,可分受拉钢筋和受压钢筋两类。

受拉钢筋,配置在受弯构件的受拉区和受拉构件中,承受拉力;受压钢筋,配置在受弯构件的受压区和受压构件中,与混凝土共同承受压力。

一般在受弯构件受压区配置主钢筋是不经济的,只有在受压区混凝土不足以承受压力时,才在受压区配置受压主钢筋以补强。

受拉钢筋在构件中的位置如图 1-12 所示。

**图 1-12 受拉钢筋在构件中的位置**

(a)简支梁;(b)雨篷

受压钢筋是通过计算用以承受压力的钢筋,一般配置在受压构件中。虽然混凝土的抗压强度较大,然而钢筋的抗压强度远大于混凝土的抗压强度,在构件的受压区配置受压钢筋,帮助混凝土承受压力,就可以减小受压构件或受压区的截面尺寸。

受压钢筋在构件中的位置如图 1-13 所示。

**图 1-13 受压钢筋在构件中的位置**

(a)梁;(b)柱

**2. 弯起钢筋**

弯起钢筋是受拉钢筋的一种变化形式。

在简支梁中,为抵抗支座附近由于受弯和受剪而产生的斜向拉力,就将受拉钢筋的两端弯起来,承受这部分斜拉力,称为弯起钢筋。但在连续梁和连续板中,经实验证明受拉区是变化的:跨中受拉区在连续梁、板的下部;到接近支座的部位时,受拉区主要移到梁、板的上部。为了适应这种受力情况，受拉钢筋到一定位置须弯起。

弯起钢筋在构件中的位置如图 1-14 所示。

**图 1-14　弯起钢筋在构件中的位置**

(a)简支梁；(b)悬臂梁；(c)横梁

斜钢筋一般由主钢筋弯起，当主钢筋长度不够弯起时，也可采用吊筋，如图 1-15 所示，但不得采用浮筋。

**图 1-15　吊筋布置图**

### 3. 架立钢筋

架立钢筋能够固定箍筋，并与主筋等一起连成钢筋骨架，保证受力钢筋的设计位置，使其在浇筑混凝土过程中不发生移动。

架立钢筋的作用是使受力钢筋和箍筋保持正确位置，以形成骨架。但当梁的高度小于 150 mm 时，可不设箍筋，在这种情况下，梁内也不设架立钢筋。

架立钢筋的直径一般为 8～12 mm。架立钢筋在钢筋骨架中的位置，如图 1-16 所示。

**图 1-16　架立筋、腰筋等在钢筋骨架中的位置**

#### 4. 箍筋

箍筋除了可以满足斜截面抗剪强度外,还有使连接的受拉主钢筋和受压区的混凝土共同工作的作用。此外,亦可用于固定主钢筋的位置,使梁内各种钢筋构成钢筋骨架。

箍筋的形式主要有开口式和闭口式两种。闭口式箍筋有三角形、圆形和矩形等多种形式。单个矩形闭口式箍筋也称双肢箍;两个双肢箍拼在一起称为四肢箍。在截面较小的梁中可使用单肢箍;在圆形或有些矩形的长条构件中也有使用螺旋形箍筋的。

箍筋的构造形式,如图 1-17 所示。

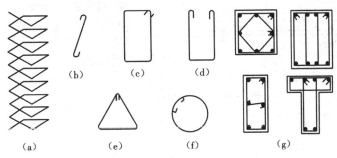

**图 1-17　箍筋的构造形式**

(a)螺旋形箍筋;(b)单肢箍;(c)闭口双肢箍;(d)开口双肢箍;(e)闭口三角箍;

(f)闭口圆形箍;(g)各种组合箍筋

#### 5. 腰筋与拉筋

腰筋的作用是防止梁太高时,由于混凝土收缩和温度变化导致梁变形而产生的竖向裂缝,同时亦可加强钢筋骨架的刚度。腰筋用拉筋连系,如图 1-18 所示。

**图 1-18　腰筋与拉筋布置**

1—腰筋;2—拉筋

当梁的截面高度超过 700 mm 时,为了保证受力钢筋与箍筋整体骨架的稳定,以及承受构件中部混凝土收缩或温度变化所产生的拉力,在梁的两侧面沿高度每隔 300~400 mm 设置 1 根直径不小于 10 mm 的纵向构造钢筋,称为腰筋。腰筋要用拉筋连系,拉筋直径采用 6~8 mm。

由于安装钢筋混凝土构件的需要,在预制构件中,根据构件体形和质量,在一定位置设置有吊环钢筋。在构件和墙体连接处,部分还预埋有锚固筋等。

**6. 分布钢筋**

分布钢筋是指在垂直于板内主钢筋方向上布置的构造钢筋。其作用是将板面上的荷载更均匀地传递给受力钢筋，也可在施工中通过绑扎或点焊以固定主钢筋位置，还可抵抗温度应力和混凝土收缩应力。

分布钢筋在构件中的位置如图 1-19 所示。

**图 1-19 分布钢筋在构件中的位置**

(a)简支板；(b)雨篷

<hr>

## 第三节 钢筋算量基础知识

### 一、钢筋计算前的准备工作

钢筋计算前的准备工作，需要我们认真阅读和审查图纸，在此基础上进行平法钢筋计算的计划及部署。

**1. 阅读和审查图纸的要求**

通常所说的图纸是指土建施工图纸。施工图一般分为"建施"和"结施"，"建施"即建筑施工图，"结施"即结构施工图。钢筋计算主要使用结构施工图。当房屋结构比较复杂，单纯看结构施工图不容易看懂时，可以结合建筑施工图的平面图、立面图和剖面图，以便于我们理解某些构件的位置和作用。

看图纸一定要注意阅读最前面的"设计说明"，因为里面有许多重要的信息和数据，还包含一些在具体构件图纸上没有画出的一些工程做法。对于钢筋计算来说，设计说明中的重要信息和数据有：房屋设计中采用哪些设计规范和标准图集、抗震等级（及抗震设防烈度）、混凝土强度等级、钢筋的类型、分布钢筋的直径和间距等。认真阅读设计说明，可以对整个工程有一个总体的印象。

要认真阅读图纸目录，根据目录对照具体的每一张图纸，看看手中的施工图纸有无缺漏，然后浏览每一张结构平面图。首先明确每张结构平面图所适用的范围：是几个楼层合用一张结构平面图，还是每一个楼层分别使用一张结构平面图？再对比不同的结构平面图，看看它们之间有什么联系和区别。看各楼层之间的结构有哪些是相同的,有哪些是不同的,以便于划分"标准层",制订钢筋计算的计划。

平法施工图主要是通过结构平面图来表示。但是,对于某些复杂的或者特殊的结构或构造,设计者会给出构造详图,在阅读图纸时要注意观察和分析。

在阅读和审查图纸的过程中,要注意把不同的图纸进行对照和比较,要善于读懂图纸,更要善于发现图纸中的问题。设计者也难免会出错,而施工图是进行施工和工程预算的依据,如果图纸出错了,后果将是严重的。在将结构平面图、建筑平面图、立面图和剖面图对照比较的过程中,要注意平面尺寸的对比和标高尺寸的对比。

**2. 阅读和审查平法施工图的注意事项**

施工图纸都采用平面设计,所以要结合平法技术的要求进行图纸的阅读和审查:

(1)构件编号的合理性和一致性。例如,把某根"非框架梁"编号为"LL1"。事实上,非框架梁的编号为"L",所以这根非框架梁只能编号为"L1",而"LL1"是剪力墙结构中的"连梁"的编号。

(2)平法梁集中标注信息是否完整和正确。例如,梁的侧面构造钢筋缺乏集中标注。16G101-1图集中规定,梁的截面高度大于或等于450 mm时需要设置侧面构造钢筋,且还规定施工人员不允许自行设计梁的侧面构造钢筋。

(3)平法梁原位标注是否完整和正确。例如,悬挑端缺乏原位标注,这是某些图纸上经常出现的问题。框架梁的悬挑端应该具有众多的原位标注:在悬挑端的上部跨中进行上部钢筋的原位标注、悬挑端下部钢筋的原位标注、悬挑端箍筋的原位标注、悬挑端梁截面尺寸的原位标注等。

(4)关于平法柱编号的一致性问题。同一根框架柱在不同的楼层时应统一注写柱编号。例如,框架柱 KZ1 在柱表中开列三行,每行的编号都应是 KZ1,这样就能方便地看出同一根 KZ1 在不同楼层上的柱截面变化,而不能把同一根框架柱,在一层时编号为 KZ1,在 2 层时编号为 KZ2,在 3 层时编号为 KZ3……

(5)柱表中的信息是否完整和正确。在阅读和检查图纸时,既要检查平面图中的所有框架柱是否在柱表中存在,又要检查柱表中的柱编号是否全部标注在平面图中。

## 二、钢筋计算的计划及部署

在充分地阅读和研究图纸的基础上,就可以进行平法钢筋计算的计划及部署。这主要是楼层划分中如何正确划定"标准层"的问题。

在楼层划分时,要比较各楼层的结构平面图的布局,看看哪些楼层是类似的,尽管不能纳入同一个"标准层"进行处理,但是可以在分层计算钢筋的时候,尽量利用前面某一楼层计算的结果。在运行平法钢筋计算软件中,也可以使用"楼层拷贝"功能,把前面某一个楼层的平面布置连同钢筋标注都拷贝过来,稍加修改,就能计算出新楼层的钢筋工程量。

　　一般在楼层划分时,有些楼层是需要单独进行计算的,包括基础、地下室、1层、中间的柱(墙)变截面楼层、顶层。

　　在进入钢筋计算之前,还必须准备好进行钢筋计算的基础数据,包括抗震等级(及抗震设防烈度)、混凝土强度等级、各类构件的保护层厚度、各类构件钢筋的类型、各类构件的钢筋锚固长度和搭接长度、分布钢筋的直径和间距等。

## 三、钢筋计算常用数据

　　钢筋计算中常用的基本数据主要有:钢筋的保护层、钢筋的锚固长度、钢筋的搭接长度、钢筋的公称直径、钢筋的公称截面面积、钢筋的理论重量和钢筋的每米重量等。

### 1. 钢筋的保护层

16G101-1图集、16G101-3图集中都给出了混凝土保护层的最小厚度要求,具体见表1-6。

**表1-6　混凝土保护层的最小厚度**　　　　　　　　　　单位:mm

| 环境类别 | 板、墙 | 梁、柱 |
|---|---|---|
| 一 | 15 | 20 |
| 二 a | 20 | 25 |
| 二 b | 25 | 35 |
| 三 a | 30 | 40 |
| 三 b | 40 | 50 |

　　注:1. 表中钢筋混凝土保护层厚度指最外层钢筋外边缘至混凝土表面的距离,适用于设计使用年限为50年的混凝土结构。

　　　　2. 构件中受力钢筋的保护层厚度不应小于钢筋的公称直径。

　　　　3. 一类环境中,设计使用年限为100年的结构最外层钢筋的保护层厚度不应小于表中数值的1.4倍;二、三类环境中,设计使用年限为100年的结构应采取专门的有效措施。

　　　　4. 混凝土强度等级不大于C25时,表中保护层厚度数值应增加5 mm。

　　　　5. 基础地面钢筋的保护层厚度,有混凝土垫层时应从垫层顶面算起,且不应小于40 mm。

### 2. 钢筋的锚固长度

(1)受拉钢筋的基本锚固长度。

受拉钢筋基本锚固长度 $l_{ab}$ 见表1-7。抗震设计时受拉钢筋基本锚固长度 $l_{abE}$ 见表1-8。

表 1-7　受拉钢筋基本锚固长度 $l_{ab}$

| 钢筋种类 | 混凝土强度等级 | | | | | | | | |
| --- | --- | --- | --- | --- | --- | --- | --- | --- | --- |
| | C20 | C25 | C30 | C35 | C40 | C45 | C50 | C55 | ≥C60 |
| HPB300 | 39d | 34d | 30d | 28d | 25d | 24d | 23d | 22d | 21d |
| HRB400、HRBF400、RRB400 | — | 40d | 35d | 32d | 29d | 28d | 27d | 26d | 25d |
| HRB500、HRBF500 | — | 48d | 43d | 39d | 36d | 34d | 32d | 31d | 30d |

表 1-8　抗震设计时受拉钢筋基本锚固长度 $l_{abE}$

| 钢筋种类 | | 混凝土强度等级 | | | | | | | | |
| --- | --- | --- | --- | --- | --- | --- | --- | --- | --- | --- |
| | | C20 | C25 | C30 | C35 | C40 | C45 | C50 | C55 | ≥C60 |
| HPB300 | 一、二级 | 45d | 39d | 35d | 32d | 29d | 28d | 26d | 25d | 24d |
| | 三级 | 41d | 36d | 32d | 29d | 26d | 25d | 24d | 23d | 22d |
| HRB400 HRBF400 RRB400 | 一、二级 | — | 46d | 40d | 37d | 33d | 32d | 31d | 30d | 29d |
| | 三级 | — | 42d | 37d | 34d | 30d | 29d | 28d | 27d | 26d |
| HRB500 HRBF500 | 一、二级 | — | 55d | 49d | 45d | 41d | 39d | 37d | 36d | 35d |
| | 三级 | — | 50d | 45d | 41d | 38d | 36d | 34d | 33d | 32d |

注：1. 四级地震时，$l_{abE}=l_{ab}$。

　　2. 当锚固钢筋的保护层厚度不大于 5d 时，锚固钢筋长度范围内应设置横向构造钢筋，其直径不应小于 $d/4$（$d$ 为锚固钢筋的最大直径）；对梁、柱等构件间距不应大于 5d，对板、墙等构件间距不应大于 10d，且均不应大于 100 mm（$d$ 为锚固钢筋的最大直径）。

（2）受拉钢筋锚固长度。

受拉钢筋锚固长度 $l_a$ 见表 1-9。受拉钢筋抗震锚固长度 $l_{aE}$ 见表 1-10。

表 1-9　受拉钢筋锚固长度 $l_a$

| 钢筋种类 | 混凝土强度等级 | | | | | | | | | | | | | | | | |
| --- | --- | --- | --- | --- | --- | --- | --- | --- | --- | --- | --- | --- | --- | --- | --- | --- | --- |
| | C20 | C25 | | C30 | | C35 | | C40 | | C45 | | C50 | | C55 | | ≥C60 | |
| | d≤25mm | d≤25mm | d>25mm | d≤25mm | d>25mm | d≤25mm | d>25mm | d≤25mm | d>25mm | d≤25mm | d>25mm | d≤25mm | d>25mm | d≤25mm | d>25mm | d≤25mm | d>25mm |
| HPB300 | 39d | 34d | — | 30d | — | 28d | — | 25d | — | 24d | — | 23d | — | 22d | — | 21d | — |
| HRB400、HRBF400、RRB400 | — | 40d | 44d | 35d | 39d | 32d | 35d | 29d | 32d | 28d | 31d | 27d | 30d | 26d | 29d | 25d | 28d |
| HRB500、HRBF500 | — | 48d | 53d | 43d | 47d | 39d | 43d | 36d | 40d | 34d | 37d | 32d | 35d | 31d | 34d | 30d | 33d |

表1-10　受拉钢筋抗震锚固长度 $l_{aE}$

| 钢筋种类及抗震等级 | | C20 | C25 | | C30 | | C35 | | C40 | | C45 | | C50 | | C55 | | ≥C60 | |
|---|---|---|---|---|---|---|---|---|---|---|---|---|---|---|---|---|---|---|
| | | d≤25 mm | d≤25 mm | d>25 mm | d≤25 mm | d>25 mm | d≤25 mm | d>25 mm | d≤25 mm | d>25 mm | d≤25 mm | d>25 mm | d≤25 mm | d>25 mm | d≤25 mm | d>25 mm | d≤25 mm | d>25 mm |
| HPB300 | 一、二级 | 45d | 39d | — | 35d | — | 32d | — | 29d | — | 28d | — | 26d | — | 25d | — | 24d | — |
| HPB300 | 三级 | 41d | 36d | — | 32d | — | 29d | — | 26d | — | 25d | — | 24d | — | 23d | — | 22d | — |
| HRB400, HRBF400 | 一、二级 | — | 46d | 51d | 40d | 45d | 37d | 40d | 33d | 37d | 32d | 36d | 31d | 35d | 30d | 33d | 29d | 32d |
| HRB400, HRBF400 | 三级 | — | 42d | 46d | 37d | 41d | 34d | 37d | 30d | 34d | 29d | 33d | 28d | 32d | 27d | 30d | 26d | 29d |
| HRB500, HRBF500 | 一、二级 | — | 55d | 61d | 49d | 54d | 45d | 49d | 41d | 46d | 39d | 43d | 37d | 40d | 36d | 39d | 35d | 38d |
| HRB500, HRBF500 | 三级 | — | 50d | 56d | 45d | 49d | 41d | 45d | 38d | 42d | 36d | 39d | 34d | 37d | 33d | 36d | 32d | 35d |

注：1. 当为环氧树脂涂层带肋钢筋时，表中数据尚应乘以1.25。
2. 当纵向受力钢筋在施工过程中易受扰动时，表中数据尚应乘以1.1。
3. 当锚固长度范围内纵向受力钢筋周边保护层厚度为3d、5d(d为锚固钢筋的直径)时，表中数据可分别乘以0.8、0.7；中间时按内插值。
4. 当纵向受拉普通钢筋锚固长度修正系数(注1～注3)多于一项时，可按连乘计算。
5. 受拉钢筋的锚固长度 $l_a$、$l_{aE}$ 计算值不应小于200 mm。
6. 四级抗震时，$l_{aE}=l_a$。
7. 当锚固长度的保护层厚度不大于5d，锚固钢筋长度范围内应设置横向构造钢筋，其直径不应小于d/4(d为锚固钢筋的最大直径)；对梁、柱等构件间距不应大于10d，对板、墙等构件间距不应大于10d，且均不应大于100 mm(d为锚固钢筋的最小直径)。

## 3. 钢筋搭接长度

纵向受拉钢筋搭接长度 $l_l$ 见表 1-11。纵向受拉钢筋抗震搭接长度 $l_{lE}$ 见表 1-12。

**表 1-11　纵向受拉钢筋搭接长度 $l_l$**

| 钢筋种类及同一区段内搭接钢筋面积百分率 | | 混凝土强度等级 | | | | | | | | | | | | | | | | |
| --- | --- | --- | --- | --- | --- | --- | --- | --- | --- | --- | --- | --- | --- | --- | --- | --- | --- | --- |
| | | C20 | C25 | | C30 | | C35 | | C40 | | C45 | | C50 | | C55 | | ≥C60 | |
| | | d≤25 mm | d≤25 mm | d>25 mm | d≤25 mm | d>25 mm | d≤25 mm | d>25 mm | d≤25 mm | d>25 mm | d≤25 mm | d>25 mm | d≤25 mm | d>25 mm | d≤25 mm | d>25 mm | d≤25 mm | d>25 mm |
| HPB300 | ≤25% | 47d | 41d | — | 36d | — | 34d | — | 30d | — | 29d | — | 28d | — | 26d | — | 25d | — |
| HPB300 | 50% | 55d | 48d | — | 42d | — | 39d | — | 35d | — | 34d | — | 32d | — | 31d | — | 29d | — |
| HPB300 | 100% | 62d | 54d | — | 48d | — | 45d | — | 40d | — | 38d | — | 37d | — | 35d | — | 34d | — |
| HRB400、HRBF400 | ≤25% | — | 48d | 53d | 42d | 47d | 38d | 42d | 35d | 38d | 34d | 37d | 32d | 36d | 31d | 35d | 30d | 34d |
| HRB400、HRBF400 | 50% | — | 56d | 62d | 49d | 55d | 45d | 49d | 41d | 45d | 39d | 43d | 38d | 42d | 36d | 41d | 35d | 39d |
| HRB400、HRBF400 | 100% | — | 64d | 70d | 56d | 62d | 51d | 56d | 46d | 51d | 45d | 50d | 43d | 48d | 42d | 46d | 40d | 45d |
| HRB500、HRBF500 | ≤25% | — | 58d | 64d | 52d | 56d | 47d | 52d | 43d | 48d | 41d | 44d | 39d | 42d | 37d | 41d | 36d | 40d |
| HRB500、HRBF500 | 50% | — | 67d | 74d | 60d | 66d | 55d | 60d | 50d | 56d | 48d | 52d | 45d | 49d | 43d | 48d | 42d | 46d |
| HRB500、HRBF500 | 100% | — | 77d | 85d | 69d | 75d | 62d | 69d | 58d | 64d | 54d | 59d | 51d | 56d | 50d | 54d | 48d | 53d |

注：1. 表中数值为纵向受拉钢筋绑扎搭接接头的搭接长度。

2. 两根不同直径钢筋搭接时，表中 d 取较细钢筋直径。

3. 当为环氧树脂涂层带肋钢筋时，表中数据尚应乘以 1.25。

4. 当纵向受拉钢筋在施工过程中易受扰动时，表中数据尚应乘以 1.11。

5. 当纵向受拉钢筋的锚固长度范围内纵向受力钢筋周边保护层厚度为 3d、5d（d 为搭接钢筋的直径）时，表中数据应分别乘以 0.8、0.7；中间时按内插值。

6. 当上述修正系数（注 3～注 5）多于一项时，可按连乘计算。

7. 任何情况下，搭接长度不应小于 300 mm。

表 1-12　纵向受拉钢筋抗震搭接长度 $l_{lE}$

| 钢筋种类及同一区段内搭接钢筋面积百分率 | | C20 | C25 | | C30 | | C35 | | C40 | | C45 | | C50 | | C55 | | ≥C60 | |
|---|---|---|---|---|---|---|---|---|---|---|---|---|---|---|---|---|---|---|
| | | d≤25mm | d≤25mm | d>25mm | d≤25mm | d>25mm | d≤25mm | d>25mm | d≤25mm | d>25mm | d≤25mm | d>25mm | d≤25mm | d>25mm | d≤25mm | d>25mm | d≤25mm | d>25mm |
| 一、二级抗震等级 | HPB300 ≤25% | 54d | 47d | — | 42d | — | 38d | — | 35d | — | 34d | — | 31d | — | 30d | — | 29d | — |
| | HPB300 50% | 63d | 55d | — | 49d | — | 45d | — | 41d | — | 39d | — | 36d | — | 35d | — | 34d | — |
| | HRB400、HRBF400 ≤25% | 55d | 55d | 61d | 48d | 54d | 44d | 48d | 40d | 44d | 38d | 43d | 37d | 42d | 36d | 40d | 35d | 38d |
| | HRB400、HRBF400 50% | — | 64d | 71d | 56d | 63d | 52d | 56d | 46d | 52d | 45d | 50d | 43d | 49d | 42d | 46d | 41d | 45d |
| | HRB500、HRBF500 ≤25% | 66d | 66d | 73d | 59d | 65d | 54d | 59d | 49d | 55d | 47d | 52d | 44d | 48d | 43d | 47d | 42d | 46d |
| | HRB500、HRBF500 50% | 77d | 77d | 85d | 69d | 76d | 63d | 69d | 57d | 64d | 55d | 60d | 52d | 56d | 50d | 55d | 49d | 53d |
| 三级抗震等级 | HPB300 ≤25% | 49d | 43d | — | 38d | — | 35d | — | 31d | — | 30d | — | 29d | — | 28d | — | 26d | — |
| | HPB300 50% | 57d | 50d | — | 45d | — | 41d | — | 36d | — | 35d | — | 34d | — | 32d | — | 31d | — |
| | HRB400、HRBF400 ≤25% | — | 50d | 55d | 44d | 49d | 41d | 44d | 36d | 41d | 35d | 40d | 34d | 38d | 32d | 36d | 31d | 35d |
| | HRB400、HRBF400 50% | — | 59d | 64d | 52d | 57d | 48d | 52d | 42d | 48d | 41d | 46d | 39d | 45d | 38d | 42d | 36d | 41d |
| | HRB500、HRBF500 ≤25% | 60d | 60d | 67d | 54d | 59d | 49d | 54d | 46d | 50d | 43d | 47d | 41d | 44d | 40d | 43d | 38d | 42d |
| | HRB500、HRBF500 50% | 70d | 70d | 78d | 63d | 69d | 57d | 63d | 53d | 59d | 50d | 55d | 48d | 52d | 46d | 50d | 45d | 49d |

注：1. 表中数值为纵向受拉钢筋绑扎搭接接头的搭接长度。
2. 两根不同直径钢筋搭接时，表中 d 取较细钢筋直径。
3. 当为环氧树脂涂层带肋钢筋时，表中数据尚应乘以 1.25。
4. 当纵向受拉钢筋在施工过程中易受扰动时，表中数据尚应乘以 1.11。
5. 当搭接长度范围内纵向受力钢筋周边保护层厚度为 3d、5d（d 为搭接钢筋的直径）时，表中数据尚应分别乘以 0.8、0.7；中间时按内插值。
6. 当上述修正系数（注 3～注 5）多于一项时，可按连乘计算。
7. 任何情况下，搭接长度不应小于 300 mm。
8. 四级抗震等级时，$l_{lE}=l_l$，见表 1-11。

**4.钢筋的公称直径、公称截面面积及理论重量**

(1)钢筋的公称直径、公称截面面积及理论重量见表 1-13。

表 1-13　钢筋的公称直径、公称截面面积及理论重量

| 公称直径/mm | 不同根数钢筋的计算截面面积/mm² | | | | | | | | | 单根钢筋的理论质量/(kg/m) |
| --- | --- | --- | --- | --- | --- | --- | --- | --- | --- | --- |
| | 1 | 2 | 3 | 4 | 5 | 6 | 7 | 8 | 9 | |
| 6 | 28.3 | 57 | 85 | 113 | 142 | 170 | 198 | 226 | 255 | 0.222 |
| 8 | 50.3 | 101 | 151 | 201 | 252 | 302 | 352 | 402 | 453 | 0.395 |
| 10 | 78.5 | 157 | 236 | 314 | 393 | 471 | 550 | 628 | 707 | 0.617 |
| 12 | 113.1 | 226 | 339 | 452 | 565 | 678 | 791 | 904 | 1017 | 0.888 |
| 14 | 153.9 | 308 | 461 | 615 | 769 | 923 | 1077 | 1231 | 1385 | 1.21 |
| 16 | 201.1 | 402 | 603 | 804 | 1005 | 1206 | 1407 | 1608 | 1809 | 1.58 |
| 18 | 254.5 | 509 | 763 | 1017 | 1272 | 1527 | 1781 | 2036 | 2290 | 2.00(2.11) |
| 20 | 314.2 | 628 | 942 | 1256 | 1570 | 1884 | 2199 | 2513 | 2827 | 2.47 |
| 22 | 380.1 | 760 | 1140 | 1520 | 1900 | 2281 | 2661 | 3041 | 3421 | 2.98 |
| 25 | 490.9 | 982 | 1473 | 1964 | 2454 | 2945 | 3436 | 3927 | 4418 | 3.85(4.10) |
| 28 | 615.8 | 1232 | 1847 | 2463 | 3079 | 3695 | 4310 | 4926 | 5542 | 4.83 |
| 32 | 804.2 | 1609 | 2413 | 3217 | 4021 | 4826 | 5630 | 6434 | 7238 | 6.31(6.65) |
| 36 | 1017.9 | 2036 | 3054 | 4072 | 5089 | 6107 | 7125 | 8143 | 9161 | 7.99 |
| 40 | 1256.6 | 2513 | 3770 | 5027 | 6283 | 7540 | 8796 | 10 053 | 11 310 | 9.87(10.34) |
| 50 | 1963.5 | 3928 | 5892 | 7856 | 9820 | 11 784 | 13 748 | 15 712 | 17 676 | 15.42(16.28) |

注:括号内为预应力螺纹钢筋的数值。

(2)CRB550 冷轧带肋钢筋的公称直径、公称截面面积及理论质量见表 1-14。

表 1-14　冷轧带肋钢筋的公称直径、公称截面面积及理论质量

| 公称直径/mm | 公称截面面积/mm² | 理论质量/(kg/m) |
| --- | --- | --- |
| 4 | 12.6 | 0.099 |
| 5 | 19.6 | 0.154 |
| 6 | 28.3 | 0.222 |
| 7 | 38.5 | 0.302 |
| 8 | 50.3 | 0.395 |
| 9 | 63.6 | 0.499 |
| 10 | 78.5 | 0.617 |
| 12 | 113.1 | 0.888 |

（3）钢绞线的公称直径、公称截面面积及理论数值见表1-15。

表1-15 钢绞线的公称直径、公称截面面积及理论数值

| 种类 | 公称直径 | 公称截面面积/mm² | 理论质量/(kg/m) |
|---|---|---|---|
| 1×3 | 8.6 | 37.7 | 0.296 |
| | 10.8 | 58.9 | 0.462 |
| | 12.9 | 84.8 | 0.666 |
| 1×7 | 9.5 | 54.8 | 0.430 |
| | 12.7 | 98.7 | 0.775 |
| | 15.2 | 140 | 1.101 |
| | 17.8 | 191 | 1.500 |
| | 21.6 | 285 | 2.237 |

（4）钢丝的公称直径、公称截面面积及理论质量见表1-16。

表1-16 钢丝的公称直径、公称截面面积及理论质量

| 公称直径/mm | 公称截面面积/mm² | 理论质量/(kg/m) |
|---|---|---|
| 5.0 | 19.63 | 0.154 |
| 7.0 | 38.48 | 0.302 |
| 9.0 | 63.62 | 0.499 |

### 5. 钢筋的每米重量

钢筋的每米重量的单位是 kg/m。

钢筋的每米重量是计算钢筋工程量（t）的基本数据，当计算出某种直径钢筋的总长度（m）的时候，根据钢筋的每米重量就可以计算出这种钢筋的总重量：

钢筋的总重量（kg）＝钢筋总长度（m）×钢筋每米重量（kg/m）

常用钢筋的理论重量见表1-17。

表1-17 常用钢筋的理论质量

| 钢筋直径/mm | 理论质量/(kg/m) | 钢筋直径/mm | 理论质量/(kg/m) |
|---|---|---|---|
| 4 | 0.099 | 16 | 1.578 |
| 5 | 0.154 | 18 | 1.998 |
| 6 | 0.222 | 20 | 2.466 |
| 6.5 | 0.260 | 22 | 2.984 |
| 8 | 0.395 | 25 | 3.833 |
| 10 | 0.617 | 28 | 4.834 |

续表

| 钢筋直径/mm | 理论质量/(kg/m) | 钢筋直径/mm | 理论质量/(kg/m) |
|---|---|---|---|
| 12 | 0.888 | 30 | 5.549 |
| 14 | 1.208 | 32 | 6.313 |

注:表中直径为 4 mm 和 5 mm 的钢筋在习惯上和定额中称为"钢丝"。

  钢筋工和预算员一般都能熟记常用钢筋的每米重量。其实,这些数据也不用死记硬背,用得多了自然能记住。记不住也不要紧,可以通过简单的计算来获得钢筋的每米重量,这就是通过计算 1 m 长度的某种直径钢筋的体积,再乘以钢的密度,就可以得到这种直径钢筋的每米重量。

  钢筋的每米重量还有一个作用,那就是作为钢筋"等截面代换"时的计算依据。在计算钢筋的"等截面代换"时,可以采用钢筋的"每米重量"来代替钢筋的"截面积"。

# 第二章 梁构件平法识图与钢筋算量

## 第一节 梁构件平法施工图识图规则

### 一、平面注写方式

梁的平面注写方式,是指在梁平面布置图上,分别在不同编号的梁中各选一根,在其上注写截面尺寸和配筋具体数值来表达梁平法施工图的方式。

梁平面注写方式包括集中标注和原位标注。集中标注表达梁的通用数值,如截面尺寸、箍筋配置、梁上部贯通钢筋等;当集中标注的数值不适用于梁的某个部位时,采用原位标注,原位标注表达梁的特殊数值,如梁在某一跨改变的梁断面尺寸、该处的梁底配筋或增设的钢筋等。在施工时,原位标注取值优先于集中标注。

#### 1. 梁的集中标注

在梁的集中标注内容中,有五项必注值和一项选注值:

(1)梁的编号,该项为必注值。

梁的编号有梁类型代号、序号、跨数及有无悬挑代号等组成,具体见表 2-1。

表 2-1 梁编号

| 梁类型 | 代号 | 序号 | 跨数及是否带有悬挑 |
|---|---|---|---|
| 楼层框架梁 | KL | ×× | (××)、(××A)或(××B) |
| 楼层框架扁梁 | KBL | ×× | (××)、(××A)或(××B) |
| 屋面框架梁 | WKL | ×× | (××)、(××A)或(××B) |
| 框支梁 | KZL | ×× | (××)、(××A)或(××B) |
| 托柱转换梁 | TZL | ×× | (××)、(××A)或(××B) |

| 梁类型 | 代号 | 序号 | 跨数及是否带有悬挑 |
|---|---|---|---|
| 非框支梁 | L | ×× | (××)、(××A)或(××B) |
| 悬挑梁 | XL | ×× | (××)、(××A)或(××B) |
| 井字梁 | JZL | ×× | (××)、(××A)或(××B) |

注:1. (××A)为一端有悬挑,(××B)为两端有悬挑,悬挑不计入跨数;

2. 楼层框架扁梁节点核心区代号 KBL;

3. 当非框架梁 L、井字梁 JZL 端支座上部纵筋为充分利用钢筋的抗拉强度时,在梁代号后加"g"。

例如,KL7(5A)表示第 7 号框架梁,5 跨,一端有悬挑;L9(7B)表示第 9 号梁,7 跨,两端有悬挑。

(2)梁截面尺寸,该项为必注值。

①当为等截面梁时,用 $b \times h$ 表示。

②当为竖向加腋梁时,用 $b \times h$ Y$c_1 \times c_2$ 表示,其中,Y 是加腋的标志,$c_1$ 是腋长,$c_2$ 是腋高,具体如图 2-1 所示。

**图 2-1 竖向加腋梁截面注写示意图**

③当为水平加腋梁时,一侧加腋时用 $b \times h$ PY$c_1 \times c_2$ 表示,其中 Y 是加腋的标志,$c_1$ 是腋长,$c_2$ 是腋高,加腋部位在平面图中绘制,如图 2-2 所示。

**图 2-2 水平加腋梁截面注写示意图**

④当有悬挑梁且根部和端部断面高度不同时,用斜线"/"分隔根部与端部的高度值,即为 $b \times h_1/h_2$,其中,$b$ 为梁宽,$h_1$ 指梁根部的高度,$h_2$ 指梁端部的高度,如图 2-3 所示。

**图 2-3 悬挑梁不等高断面尺寸注写示意**

（3）梁箍筋，包括钢筋级别、直径、加密区与非加密区间距与肢数，该项为必注值。

①箍筋加密区与非加密区的不同间距与肢数用斜线"/"分隔。

②当梁箍筋为同一种间距及肢数时，则不需用斜线。

③当加密区与非加密区的箍筋肢数相同时，则将肢数注写一次。加密区的长度范围则根据梁的抗震等级见相应的标准构造详图。

④箍筋肢数注写在括号内。

例如 $\phi$ 10@100/200（4），表示箍筋为 HPB300 级钢，直径为 10 mm，加密区间距为 100 mm，非加密区间距为 200 mm，均为四肢箍。

（4）梁上部通长钢筋或架立筋配置，该项为必注值。

①梁上部通长筋可为相同或不同直径采用搭接、机械连接或焊接的钢筋。所标注的规格与根数应根据结构受力的要求及箍筋肢数等构造要求而定。当同排纵筋中既有通长筋又有架立筋时，应用加号（"＋"）将通长筋和架立筋相联。注写时需将角部纵筋写在加号的前面，架立筋写在加号后面的括号内，以示不同直径及与通长钢筋的区别。当全部是架立筋时，则将其写在括号内。例如 2$\Phi$22 用于双肢箍；2$\Phi$22＋（4$\Phi$12）用于六肢箍，其中 2$\Phi$22 为通长筋，4$\Phi$12 为架立筋。

②如果梁的上部纵筋和下部纵筋为全跨相同，且多数跨相同时，也可将梁上部和下部贯通筋同时注写，中间用"；"分隔。例如"3$\Phi$22；3$\Phi$20"，表示梁上部配置 3$\Phi$22 通长钢筋，梁的下部配置 3$\Phi$20 通长钢筋。

（5）梁侧面纵向构造钢筋或受扭钢筋的配置，该项为必注值。

①当梁腹板高度 $h_w \geqslant 450$ mm 时，需配置梁侧纵向构造钢筋，其数量及规格应符合规范要求。注写此项时以大写字母 G 打头，接续注写设置在梁两个侧面的总配筋值，且对称配置。例如 G4$\Phi$12，表示梁的两个侧面共配置 4$\Phi$12 的纵向构造钢筋，每侧配置 2$\Phi$12。

②当梁侧面需要配置受扭纵向钢筋时，此项注写值时以大写字母 N 打头，接续注写设置在梁两个侧面的总配筋值，且对称配置。受扭纵向钢筋应满足侧面纵向构造钢筋的间距要求，且不再重复配置纵向构造钢筋。例如 N6$\Phi$22，表示梁的两个侧面共配置 6$\Phi$22 的受扭纵向钢筋，每侧配置 3$\Phi$22。

（6）梁顶面标高差，该项为选注项。

梁顶面标高差，是指梁顶面相对于结构层楼面标高的高差值。对于位于结构夹层的梁，则指相对于结构夹层楼面标高的高差。当梁顶面高于楼面结构标高时,其标高高差为正值,反之为负值。例如,某结构标准层的楼面标高为 44.950 m 和 48.250 m,当某梁的梁顶面标高注写为(-0.050)时,即表明该梁的顶面标高分别相对于 44.950 m 和 48.250 m 低 0.050 m。

**2. 梁的原位标注**

梁的原位标注中,应注写下列内容:

(1)梁支座上部纵筋,该部位含通长筋在内的所有纵筋。

当上部纵筋多于一排时,用"/"将各排纵筋分开。例如 6⊉25 4/2 表示上排纵筋为 4⊉25,下排纵筋为 2⊉25。

当同排纵筋有两种直径时,用"+"将两种直径的纵筋连在一起,注写时将角部纵筋写在前面。例如梁支座上部有四根纵筋,2⊉25 放在角部,2⊉22 放在中部,则应注写为 2⊉25+2⊉22。

当梁中间支座两边的上部钢筋不同时,需在支座两边分别注写;当梁中间支座两边的上部钢筋相同时,可仅在支座的一边标注配筋值,另一边省去不注,如图 2-4 所示。

图 2-4 大小跨梁的注写示意

设计时,应注意以下两点。

①对于支座两边不同配筋的上部钢筋,宜尽可能选用相同直径(不同根数),使其贯穿支座,避免支座两边不同直径的上部纵筋均在支座内锚固。

②对于以边柱、角柱为端支座的屋面框架梁,当能够满足配筋截面面积要求时,其梁的上部钢筋应尽可能只配置一层,以避免梁柱纵筋在柱顶处因分层数过多、密度过大导致不方便施工和影响混凝土浇筑质量。

(2)梁的下部纵筋的数量、级别和规格,写在梁的下方,并靠近跨中处。

①当下部纵筋多于一排时,用"/"将各排纵筋分开。例如 6⊉25 2/4 表示上排纵筋为 2⊉25,下排纵筋为 4⊉25。

②当同排纵筋有两种直径时,用"+"将两种直径的纵筋连在一起,注写时将角部纵筋写在前面。例如梁下部有 4 根纵筋,2⊉25 放在角部,2⊉22 放在中部,则应注写为 2⊉25+2⊉22。

③当梁下部纵筋不全部伸入支座时,将梁支座下部纵筋减少的数量写在括号内。

④如果梁的集中标注中已经注写了梁上部和下部均为通长钢筋的数值时，则不在梁下部重复注写原位标注。

⑤当梁设置竖向加腋时，加腋部位下部纵筋应在支座下部以 Y 打头注写在括号内，如图 2-5 所示。

**图 2-5　梁加腋平面注写方式表达示例**

当梁设置水平加腋时，水平加腋内上、下部斜纵筋应在加腋支座上部以 Y 打头注写在括号内，上、下部斜纵筋之间用"/"分隔，如图 2-6 所示。

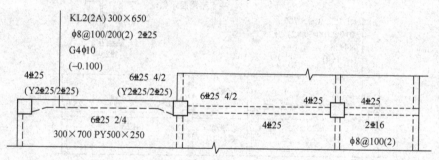

**图 2-6　梁水平加腋平面注写方式表达示例**

（3）附加箍筋或吊筋。

在主次梁交接处，可将附加箍筋或吊筋直接画在平面图中的主梁上，并引注总配筋值，如图 2-7 所示。

**图 2-7　附加箍筋或吊筋画法示例**

当多数附加箍筋或吊筋相同时，可在梁平法施工图上统一注明，少数与统一注明值不同时，再原位引注。

**3. 框架扁梁的平面注写方式**

框架扁梁的注写规则与框架梁相同，只是对于上部纵筋和下部纵筋，还需注明未穿过柱截面的纵向受拉钢筋根数,如图 2-8 所示。

**图 2-8 框架扁梁的平面注写方式**

框架扁梁节点核心区代号为 KBH,包括柱内核心区和柱外核心区两部分。框架扁梁节点核心区钢筋注写包括柱外核心区竖向拉筋及节点核心区附加纵向钢筋,端支座节点核心区尚需注写附加 U 形箍筋。

柱内核心区箍筋见框架柱箍筋。柱外核心区竖向拉筋,注写其钢筋级别及直径;端支座柱外核心区尚需注写附加 U 形箍筋的钢筋级别、直径及个根数。

框架扁梁节点核心区附加纵向钢筋以大写字母"F"打头,注写其设置方向(X 向或 Y 向)、层数、每层的钢筋根数、钢筋级别、直径及未穿过柱截面的纵向受拉钢筋根数。

例如,KBH1 φ10,F X&Y 2Φ14(4),表达框架扁梁中间支座节点核心区:柱外核心区竖向拉筋φ10;沿梁 X 向(Y 向)配置两层7Φ14 附加纵向钢筋,每层有 4 根纵向受力钢筋未穿过柱截面,柱两侧各 2 根,附加纵向钢筋沿高度范围均匀布置,如图 2-9(a)所示。

KBH2 φ10,4φ10,F X 2×7Φ14(4),表示框架扁梁端支座节点核心区;柱外核心区竖向拉筋φ10;附加 U 形箍筋共 4 道,柱两侧各 2 道;沿框架扁梁 X 向配置7Φ14 附加纵向钢筋,有 4 根纵向受力钢筋未穿过柱截面,柱两侧各 2 根;附加纵向钢筋沿高度范围均匀布置,如图 2-9(b)所示。

**图 2-9 框架扁梁节点核心区附加箍筋注写示意**

(a)图例一;(b)图例二

设计、施工时应注意:

(1)柱外核心区竖向拉筋在梁纵向钢筋两向交叉位置均布置,当布置方式与图集要求不一致时,设计应另行绘制详图。

（2）框架扁梁端支座节点，柱外核心区设置 U 形箍筋及竖向拉筋时，在 U 形箍筋与位于柱外的梁纵向钢筋交叉位置均布置竖向拉筋。当布置方式与图集要求不一致时，设计应另行绘制详图。

（3）附加纵向钢筋应与竖向拉筋相互绑扎。

### 4. 井字梁的平面注写方式

井字梁通常由非框架梁构成，并以框架梁为支座或以专门设置的非框架大梁为支座。为明确区分井字梁与框架梁或作为井字梁支座的其他类型，在梁平法施工图中，井字梁用单粗虚线表示，作为井字梁支座用双细实线表示（当梁顶面高出板面时可用双细实线表示）。

16G101-1 图集中所规定的井字梁，是指在同一矩形平面内相互正交所组成的结构构件，井字梁所分布范围称为"矩形平面网格区域"（简称"网格区域"）。当在结构平面布置中仅有由四根框架梁框起的一片网格区域时，所有在该区域相互正交的井字梁均为单跨；当有多片网格区域相连时，贯通多片网格区域的井字梁为多跨，且相邻两片网格区域分界处即为该井字梁的中间支座。对某根井字梁编号时，其跨数为其总支座数减 1；在该梁的任意两个支座之间，无论有几根同类梁与其相交，均不作为支座，如图 2-10 所示。

**图 2-10　井字梁矩形平面网格区域示意**

井字梁的注写规则与其他类型的梁相同，除此之外，设计者还应注明纵横两个方向梁相交处同一层面钢筋的上下交错关系（指梁上部与下部的同层面交错钢筋何梁在上，何梁在下），以及在该相交处两方向梁箍筋的布置要求。

井字梁的端部支座和中间支座上部纵筋的伸出长度 $a_0$ 值，应由设计者在原位加注具体数值予以注明。

当采用平面注写方式时，则在原位标注的支座上部纵筋后面括号内加注具体伸出长度值，如图 2-11 所示。

例如,贯通两片网格区域采用平面注写方式的某井字梁,其中间支座上部纵筋注写为:6 ⸤
25 4/2(3200/2400)

表示该位置上部纵筋设置两排,上一排纵筋为 4 ⸤ 25,自支座边缘向跨内伸出长度
3200 mm;下一排纵筋为 2 ⸤ 25,自支座边缘向跨内伸出长度为 2400 mm。

设计时应注意:

(1)当井字梁连续设置在两片或多排网格区域时,才具有井字梁中间支座。

(2)当某根井字梁端支座与其所在网格区域之外的非框架梁相连时,该位置上部钢筋的连
续布置方式需由设计者注明。

**5. 其他**

当梁平法施工图设计采用平面注写方式时,局部区域梁布置若是过密可能会出现注写空
间不足的情况,可将过密区用虚线框出,适当放大比例后再进行平面注写。

当某部位的梁为异性截面或局部区域梁布置过密时,可将平面注写方式与截面注写方式
结合使用。

梁平法施工图的平面注写方式示例如图 2-12 所示。

**图 2-11　井字梁平面注写方式示例**

注:本图仅示意井字梁的注写方法,未注明截面几何尺寸 $b \times h$,支座上部纵筋伸出长度 $a_{01} \sim a_{03}$,以及纵筋与箍筋的具
体数值。

图 2-12 梁平法施工图平面注写方式示例

## 二、截面注写方式

梁的截面注写方式,是指在分标准层绘制的梁平面布置图上,分别在不同编号的梁中各选择一根梁用剖面号引出配筋图,并在其上用注写截面尺寸和配筋具体数值的方式。

梁的截面注写方式包括以下内容:

(1)梁编号。对所有的梁按照表2-1的规定进行编号。

(2)截面配筋详图。从相同编号的梁中选择一根梁,先将单边截面号画在该梁上,再将截面配筋详图画在本图或其他图上。在截面配筋详图上注写截面尺寸 $b×h$、上部筋、下部筋、侧面构造筋或受扭筋及箍筋的具体数值时,其表达形式与平面注写方式相同。

(3)梁顶面标高高差。当某梁的顶面标高与结构层的楼面标高不同时,尚应继其梁编号后注写梁顶面标高高差(注写规定与平面注写方式相同)。

(4)对于框架扁梁还应在截面详图中注写未穿过柱截面的纵向受力筋根数。对于框架扁梁节点核心区附加钢筋,需采用平、剖面图表达节点核心区附加纵向钢筋、柱外核心区全部竖向拉筋以及端支座附加U形箍筋,注写其具体数值。

(5)截面注写方式既可以单独使用,也可与平面注写方式结合使用。

梁平法施工图的截面注写方式示例如图2-13所示。

图 2-13 梁平法施工图截面注写方式示例

### 三、平法设计中梁的其他规定

**1. 梁支座上部纵筋的长度规定**

（1）为方便施工，凡框架梁的所有支座和非框架梁（不包括井字梁）的中间支座上部纵筋的伸出长度 $a_0$ 值在标准构造详图中统一取值为：

①第一排非通长筋及与跨中直径不同的通长筋从柱（梁）边起伸出至 $l_n/3$ 位置。

②第二排非通长筋伸出至 $l_n/4$ 位置。

$l_n$ 的取值规定为：

①对于端支座，$l_n$ 为本跨的净跨值。

②对于中间支座，$l_n$ 为支座两边较大一跨的净跨值。

（2）悬挑梁（包括其他类型梁的悬挑部分）上部第一排纵筋伸出至梁端头并下弯，第二排伸出至 $3l/4$ 位置，$l$ 为自柱（梁）边算起的悬挑净长。

当具体工程需要将悬挑梁中的部分上部钢筋从悬挑梁根部开始斜向弯下时，应由设计者另加注明。

（3）设计者在执行（1）、（2）中关于梁支座端上部纵筋伸出长度的统一取值规定时，特别是在大小跨相邻和端跨外为长悬臂的情况下，还应注意按《混凝土结构设计规范（2015 年版）》（GB 50010—2010）的相关规定进行校核，若不满足时应根据规范规定进行变更。

**2. 不伸入支座的梁下部纵筋长度规定**

（1）当梁（不包括框支梁）下部纵筋不全部伸入支座时，不伸入支座的梁下部纵筋截断点距支座边的距离，在标准构造详图中统一取为 $0.1l_{ni}$（$l_{ni}$ 为本跨梁的净跨值）。

（2）当按上述（1）确定不伸入支座的梁下部纵筋的数量时，应符合《混凝土结构设计规范（2015 年版）》（GB 50010—2010）的有关规定。

**3. 其他**

（1）非框架梁、井字梁的上部纵向钢筋在端支座的锚固要求如下：

①当设计按铰接时（代号 L、JZL），平直段伸至端支座对边后弯折，且平直段长度不小于 $0.35l_{ab}$，弯折段投影长度 $15d$（$d$ 为纵向钢筋直径）。

②当充分利用钢筋的抗拉强度时（代号 Lg、JZLg），直段伸至端支座对边后弯折，且平直段长度不小于 $0.6l_{ab}$，弯折段投影长度 $15d$。

（2）在 16G101-1 图集的构造详图中规定，非框架梁的下部纵向钢筋在中间支座和端支座的锚固长度对于带肋钢筋为 $12d$，对于光面钢筋为 $15d$（$d$ 为纵向钢筋直径）。

（3）当计算中需要充分利用下部纵向钢筋的抗压强度或抗拉强度，或具体工程有特殊要求时，其锚固长度应由设计者按照《混凝土结构设计规范（2015 年版）》（GB 50010—2010）的相关规定进行变更。

（4）当非框架梁配有受扭纵向钢筋时，梁纵筋锚入支座的长度为 $l_a$，在端支座直锚长度不足时可伸至端支座对边后弯折，且平直段长度不小于 $0.6l_{ab}$，弯折段长度 $15d$。设计者应在图中注明。

（5）当梁纵筋兼作温度应力钢筋时，其锚入支座的长度由设计确定。

（6）当两楼层之间设有层间梁时（如结构夹层位置处的梁），应将设置该部分梁的区域划出，另行绘制梁结构布置图，然后在其上表达梁平法施工图。

## 第二节　梁构件平法识图

### 一、梁构件平法施工图的内容

梁平法施工图主要包括以下内容：

（1）图名和比例。梁平法施工图的比例和建筑平面图的相同。

（2）定位轴线、编号和间距尺寸。

（3）梁的编号、平面布置。

（4）每一种编号梁的截面尺寸、配筋情况和标高。

（5）必要的设计详图和说明。

### 二、梁构件平法识图步骤

梁构件平法识图步骤如下：

（1）查看图名和比例。

（2）校核轴线编号及其间距尺寸，要求必须与建筑图等保持一致。

（3）与建筑图配合，明确梁的编号、数量和布置。

（4）阅读结构设计总说明或有关说明，明确梁的混凝土强度等级及其他要求。

（5）根据梁的编号，查阅图中平面标注或截面标注，明确梁的截面尺寸、配筋和标高。再根据抗震等级、设计要求和标准构造详图确定纵向钢筋、箍筋和吊筋的构造要求（例如纵向钢筋的锚固长度、切断位置、弯折要求、连接方式和搭接长度，箍筋加密区的范围，附加箍筋、吊筋的构造等）。

（6）其他有关的要求。

需要强调的是，应注意主、次梁交汇处钢筋的高低位置要求。

## 三、梁构件相关构造识图

### 1. 楼层框架梁 KL 纵向钢筋构造

（1）楼层框架梁 KL 纵向钢筋构造如图 2-14 所示。

**图 2-14　楼层框架梁纵向钢筋构造**

注：1. 跨度值 $l_n$ 为左跨 $l_{ni}$ 和右跨 $l_{ni+1}$ 之较大值，其中 $i=1,2,3\cdots$。

2. 图中 $h_c$ 为柱截面沿框架方向的高度。

3. 梁上部通长钢筋与非贯通钢筋直径相同时，连接位置宜位于跨中 $l_{ni}/3$ 范围内；梁下部钢筋连接位置宜位于支座 $l_{ni}/3$ 范围内；且在同一连接区段内钢筋接头面积百分率不宜大于 50%。

4. 当上柱截面尺寸小于下柱截面尺寸时，梁上部钢筋的锚固长度起算位置应为上柱内边缘，梁下纵筋的锚固长度起算位置为下柱内边缘。

（2）端支座加锚头（锚板）锚固如图 2-15 所示，端支座直锚如图 2-16 所示。

**图 2-15　端支座加锚头（锚板）锚固**

**图 2-16 端支座直锚**

(3)中间层中间节点梁下部筋在节点外搭接如图 2-17 所示。梁下部钢筋不能在柱内锚固时,可在节点外搭接。相邻跨钢筋直径不同时,搭接位置位于较小直径一跨。

**图 2-17 中间层中间节点梁下部筋在节点外搭接**

## 2. 屋面框架梁 WKL 纵向钢筋构造

(1)屋面框架梁 WKL 纵向钢筋构造如图 2-18 所示。

**图 2-18 屋面框架梁 WKL 纵向钢筋构造**

注:1. 跨度值 $l_n$ 为左跨 $l_{ni}$ 和右跨 $l_{ni+1}$ 之较大值,其中 i=1,2,3…。

2. 图中 $h_c$ 为柱截面沿框架方向的高度。

3. 梁上部通长钢筋与非贯通钢筋直径相同时,连接位置宜位于跨中 $l_{ni}/3$ 范围内;梁下部钢筋连接位置宜位于支座 $l_{ni}/3$ 范围内;且在同一连接区段内钢筋接头面积百分率不宜大于 50%。

（2）顶层端节点梁下部钢筋端头加锚头（锚板）锚固如图 2-19 所示，顶层端支座梁下部钢筋直锚如图 2-20 所示。

伸至梁上部纵筋弯钩段内侧
且不小于$0.4l_{abE}$

$h_c$

**图 2-19　顶层端节点梁下部钢筋端头加锚头（锚板）锚固**

不小于$l_{aE}$且不小于$0.5h_c+5d$

$h_c$

**图 2-20　顶层端支座梁下部钢筋直锚**

（3）顶层中间节点梁下部筋在节点外搭接如图 2-21 所示。梁下部钢筋不能在柱内锚固时，可在节点外搭接。相邻跨钢筋直径不同时，搭接位置位于较小直径一跨。

$h_0$　　$\geqslant l_{lE}$　$\geqslant 1.5h_0$　$h_c$

**图 2-21　顶层中间节点梁下部筋在节点外搭接**

**3. 框架梁水平、竖向加腋构造**

（1）框架梁水平加腋构造如图 2-22 所示。

**图 2-22 框架梁水平加腋构造**

注：1. 抗震等级为一级时，$c_3 \geqslant 2.0h_b$ 且 $\geqslant 500$ mm；抗震等级为二～四级时，$c_3 \geqslant 1.5h_b$ 且 $\geqslant 500$ mm。

2. 当梁结构平法施工图中，水平加腋部位的配筋设计未给出时，其梁腋上下部斜纵筋（仅设置第一排）直径分别同梁内上、下纵筋，水平间距不宜大于 200 mm；水平加腋部位侧面纵向构造筋的设置及构造要求同梁内侧面纵向构造钢筋。

3. 加腋部位箍筋规格及肢距与梁端部的箍筋相同。

## （2）框架梁竖向加腋构造如图 2-23 所示。

**图 2-23 框架梁竖向加腋构造**

注：1. 抗震等级为一级时，$c_3 \geqslant 2.0h_b$ 且 $\geqslant 500$ mm；抗震等级为二～四级时，$c_3 \geqslant 1.5h_b$ 且 $\geqslant 500$ mm。

2. 本图中框架梁竖向加腋构造适用于加腋部分参与框架梁计算，配筋由设计标注；其他情况设计应另行给出做法。

3. 加腋部位箍筋规格及肢距与梁端部的箍筋相同。

## 4. KL、WKL 中间支座纵向钢筋构造

### （1）KL 中间支座纵向钢筋构造如图 2-24 所示。

**图 2-24 KL 中间支座纵向钢筋构造**
（a）节点①；（b）节点②；（c）节点③

注：1. 对于节点①，$\Delta h/(h_c-50) > 1/6$；对于节点②，$\Delta h/(h_c-50) \leqslant 1/6$ 时，纵筋连续布置。

2. 图中标注直锚的钢筋，当支座宽度满足直锚要求时可直锚。

（2）WKL中间支座纵向钢筋构造如图2-25所示。

当支座两边梁宽不同或错开布置时，将无法直通的纵筋弯锚入柱内；或当支座两边纵筋根数不同时，可将多出的纵筋弯锚入柱内

(a)　　　　　　　(b)　　　　　　　(c)

**图2-25　WKL中间支座纵向钢筋构造**

(a)节点①；(b)节点②；(c)节点③

注：图中标注直锚的钢筋，当支座宽度满足直锚要求时可直锚。

### 5. 非框架梁 L 配筋构造

（1）非框架梁 L 配筋构造如图2-26所示。

**图2-26　非框架梁配筋构造**

注：1. 跨度值 $l_n$ 为左跨 $l_{ni}$ 和右跨 $l_{ni+1}$ 之较大值，其中 $i=1,2,3\cdots$。

2. 当梁上部有通长钢筋时，连接位置宜位于跨中 $l_{ni}/3$ 范围内；梁下部钢筋连接位置宜位于支座 $l_{ni}/4$ 范围内；且在同一连接区段内钢筋接头面积百分率不宜大于50%。

3. 图中"设计按铰接时"用于代号为 L 的非框架梁，"充分利用钢筋的抗拉强度时"用于代号为 Lg 的非框架梁。

4. 弧形非框架梁的箍筋间距沿梁凸面线度量。

（2）端支座非框架梁下部纵筋弯锚构造如图2-27所示。

伸至支座对边弯折
带肋钢筋 $\geq 7.5d$
光圆钢筋 $\geq 9d$

**图2-27　端支座非框架梁下部纵筋弯锚构造**

注：用于下部纵筋伸入边支座长度不满足直锚 $12d(15d)$ 要求时。

（3）受扭非框架梁纵筋构造如图 2-28 所示。

**图 2-28　受扭非框架梁纵筋构造**

（a）端支座；（b）中间支座

注：1. 纵筋伸入端支座直段长度满足 $l_a$ 时可直锚。

　　2. 图中"受扭非框架梁纵筋构造"用于梁侧配有受扭钢筋时，当梁侧未配受扭钢筋的非框架梁需采用此构造时，设计应明确指定。

（4）非框架梁 L 中间支座纵向钢筋构造如图 2-29 所示。

**图 2-29　非框架梁 L 中间支座纵向钢筋构造**

（a）节点①；（b）节点②

注：1. 节点①，支座两边纵筋互锚。

　　2. 节点②，当支座两边梁宽不同或错开布置时，将无法直通的纵筋弯锚入梁内，或当支座两边纵筋根数不同时，可将多出的纵筋弯锚入梁内。

## 6. 梁的箍筋构造

（1）框架梁（KL、WKL）箍筋加密区范围如图 2-30、图 2-31 所示。

**图 2-30　框架梁（KL、WKL）箍筋加密区范围（一）**

注：1. 加密区：抗震等级为一级时，$\geqslant 2.0 h_b$ 且 $\geqslant 500$ mm；抗震等级为二～四级时，$\geqslant 1.5 h_b$ 且 $\geqslant 500$ mm。

　　2. 弧形梁沿梁中心线展开，箍筋间距沿凸面线量度。$h_b$ 为梁截面高度。

**图 2-31 框架梁（KL、WKL）箍筋加密区范围（二）**

注：1. 加密区：抗震等级为一级时，≥2.0$h_b$且≥500 mm；抗震等级为二～四级时，≥1.5$h_b$且≥500 mm。

2. 弧形梁沿梁中心线展开，箍筋间距沿凸面线量度。$h_b$为梁截面高度。

（2）附加箍筋范围如图 2-32 所示。

**图 2-32 附加箍筋范围**

（3）附加吊筋如图 2-33 所示。

**图 2-33 附加吊筋**

（4）主次梁斜交箍筋构造如图 2-34 所示。

**图 2-34 主次梁斜交箍筋构造**

注：$s$为次梁中箍筋间距。

### 7. 悬挑梁的构造

(1)纯悬挑梁 XL 的配筋构造如图 2-35 所示。

**图 2-35　纯悬挑梁配筋构造**

(2)其他各类梁的悬挑端配筋构造如图 2-36 所示。

**图 2-36　各类梁的悬挑端配筋构造**

续图 2-36

(a)节点①；(b)节点②；(c)节点③；(d)节点④；(e)节点⑤；(f)节点⑥；(g)节点⑦

注：1. 对于①、⑥、⑦节点，当屋面框架梁与悬挑端根部底平，且下部纵筋通常设置时，框架柱中纵向钢筋锚固要求可按中柱柱顶节点。

2. 括号内数值为框架梁纵筋锚固长度。当悬挑梁考虑竖向地震作用时（由设计明确），图中悬挑梁中钢筋锚固长度 $l_a$、$l_{ab}$ 应改为 $l_{aE}$、$l_{abE}$，悬挑梁下部钢筋伸入支座长度也用采用 $l_{aE}$。

4. 当梁上部设有第三排钢筋时，其伸出长度应由设计者注明。

## 四、梁构件平法识图实例

某梁的平法施工图如图 2-37 所示。

现以 LL1、LL3、LL14 为例说明梁的平法施工图的识读。

LL1(1)位于①轴线和 25 轴线上，1 跨；截面 200 mm×450 mm；箍筋为直径 8 mm 的Ⅰ级钢筋，间距为 100 mm，双肢箍；上部 2⌀16 通长钢筋，下部 2⌀16 通长钢筋。梁高≥450 mm，需配置侧向构造钢筋，侧面构造钢筋应为剪力墙配置的水平分布筋，其在 3、4 层直径为 12 mm、间距为 250 mm 的Ⅱ级钢筋，在 5～16 层直径为 10 mm、间距为 250 mm 的Ⅰ级钢筋。因转换层以上两层（3、4 层）剪力墙，抗震等级为三级，以上各层抗震等级为四级，知 3、4 层（标高 6.950～12.550 m）纵向钢筋伸入墙内的锚固长度 $l_{aE}$ 为 31d，5～16 层（标高 12.550～49.120 m）纵向钢筋的锚固长度 $l_{aE}$ 为 30d。如为顶层，连梁纵向钢筋伸入墙内的长度范围内，应设置间距为 150 mm 的箍筋，箍筋直径与连梁跨内箍筋直径相同。

图 2-37　某梁平法施工图

LL3(1)位于②轴线和轴线上,1跨;截面200 mm×400 mm;箍筋直径为8 mm的Ⅰ级钢筋,间距为200 mm,双肢箍;上部2⊕16通长钢筋,下部2⊕22(角筋)＋1⊕20通长钢筋;梁两端原位标注显示,端部上部钢筋为3⊕16,要求有一根钢筋在跨中截断,由于LL3两端以梁为支座,按非框架梁构造要求截断钢筋,构造要求如图2-38所示,其中纵向钢筋锚固长度$l_{aE}$为30$d$。

**图2-38　梁配筋构造**

$l_{ab}$——受拉钢筋的非抗震基本锚固长度;$d$——纵向钢筋直径;

$l_n$——相邻左右两跨中跨度较大一跨的跨度值;$l_{n1}$——左跨的净跨值;$l_{n2}$——右跨的净跨值

注:当梁配有受扭纵向钢筋时,梁下部纵筋锚入支座的长度应为$l_a$,在端支座直锚长度不足时可弯锚。

LL14(1)位于B轴线上,1跨;截面200 mm×450 mm;箍筋为直径8 mm的Ⅰ级钢筋,加密区间距为100 mm,非加密区间距为150 mm,双肢箍,连梁沿梁全长箍筋的构造要求按框架梁梁端加密区箍筋构造要求采用,构造如图2-39所示,图中$h_b$为梁截面高度;上部2⊕20通长钢筋,下部3⊕22通长钢筋;梁两端原位标注显示,端部上部钢筋为3⊕20,要求有一根钢筋在跨中截断,参考框架梁钢筋截断要求,其中一根钢筋在距梁端1/4静跨处截断。梁高≥450 mm,需配置侧向构造钢筋,侧面构造钢筋应为剪力墙上配置水平分布筋,其在3、4层直径为12 mm、间距为250 mm的Ⅱ级钢筋,在5~16层直径为10 mm、间距为250 mm的Ⅰ级钢筋。因转换层以上两层(3、4层)剪力墙,抗震等级为三级,以上各层抗震等级为四级,知3、4层(标高6.950~12.550 m)纵向钢筋伸入墙内的锚固长度$l_{aE}$为31$d$,5~16层(标高12.550~49.120 m)纵向钢筋的锚固长度$l_{aE}$为30$d$。如为顶层,连梁纵向钢筋伸入墙内的长度范围内,应设置间距为150 mm的箍筋,箍筋直径与连梁跨内箍筋直径相同。

**图2-39　梁箍筋构造**

$h_b$——梁截面高度

此外,图中梁纵、横交汇处设置附加箍筋,例如 LL3 与 LL14 交汇处,在 LL14 上设置附加箍筋 6 根直径为 16 mm 的 I 级钢筋,双肢箍。需要注意的是,主、次梁交汇处上部钢筋主梁在上,次梁在下。

## 第三节　梁构件钢筋算量

### 一、框架梁架立筋计算

架立筋是梁的一种纵向构造钢筋。当梁顶面箍筋转角处无纵向受力钢筋时,应设置架立筋。架立筋的作用是形成钢筋骨架和承受温度收缩应力。

框架梁不一定具有架立筋,例如 16G101-1 图集中梁平法施工图平面注写方式的例子工程的 KL1(图 2-12),由于 KL1 所设置的箍筋是两肢箍,两根上部通长筋已经充当了两肢箍的架立筋了,所以在 KL1 的上部纵筋标注中就不需要注写架立筋了。

如果该梁的箍筋是两肢箍,则两根上部通长筋已经充当架立筋,因此就不需要再另加架立筋了。所以,对于两肢箍的梁来说,上部纵筋的集中标注"2$\Phi$25"这种形式就完全足够了。

但是,当该梁的箍筋是四肢箍时,集中标注的上部钢筋就不能标注为"2$\Phi$25"这种形式,必须把架立筋也标注上,这时的上部纵筋应该标注成"2$\Phi$25+(2$\Phi$12)"这种形式,圆括号里面的钢筋为架立筋。

架立筋的根数 = 箍筋的肢数 - 梁上部通长筋的根数

屋面框架梁纵筋构造图如图 2-40 所示。

**图 2-40　屋面框架梁纵筋构造**

从图 2-38 中可以看出,当设有架立筋时,架立筋与非贯通钢筋的搭接长度为 150 mm,因此可以得出架立筋的长度是逐跨计算的,每跨梁的架立筋长度计算公式为:

架立筋的长度 = 梁的净跨长度 - 两端支座负筋的延伸长度 + 150 mm × 2

对于等跨梁而言,由于第一排支座负筋伸出支座的长度为 $l_n/3$,意味着跨中支座负筋够不着的地方的长度也是 $l_n/3$,所以其计算公式为:

架立筋的长度 = $l_n/3$ + 150 mm × 2

**例题** 抗震框架梁 KL2 为两跨梁,如图 2-41 所示。支座 KZ1 为 500 mm × 500 mm,正中,每跨梁左、右支座的原位标注都是 4$\Phi$25,集中标注的上部钢筋为 2$\Phi$25 + (2$\Phi$14),集中标注的箍筋为 $\Phi$10@100/200(4),第一跨轴线跨度为 3500 mm,第二跨轴线跨度为 4400 mm。试计算 KL2 的架立筋(混凝土强度等级 C25,二级抗震等级)。

图 2-41 抗震框架梁 KL2 平法图

【解】 KL2 为不等跨的多跨框架梁,有:

第一跨净跨长度 = $l_{n1}$ = (3500 - 500/2 - 500/2)mm = 3000 mm

第一跨净跨长度 = $l_{n2}$ = (4400 - 500/2 - 500/2)mm = 3900 mm

$l_n$ = max{$l_{n1}$, $l_{n2}$}

= max{3000, 3900} = 3900 mm

第一跨左支座负筋伸出长度为 $l_{n1}/3$,右支座负筋伸出长度为 $l_n/3$,所以第一跨架立筋长度为

架立筋长度 = $l_{n1}$ - $l_{n1}/3$ - $l_n/3$ + 150 mm × 2

= (3000 - 3000/3 - 3900/3 + 300)mm = 1000 mm

第二跨左支座负筋伸出长度为 $l_n/3$,右支座负筋伸出长度为 $l_{n2}/3$,所以第二跨架立筋长度为

架立筋长度 = $l_{n2}$ - $l_n/3$ - $l_{n2}/3$ + 150 mm × 2

= (3900 - 3900/3 - 3900/3 + 300)mm = 1600 mm

从钢筋的集中标注可以看出,KL2 为四肢箍,由于设置了上部通长筋位于梁箍筋的角部,所以在箍筋的中间要设置 2 根架立筋。

所以,每跨的架立筋根数＝箍筋的肢数－梁上部通长筋的根数

$$＝(4－2)根＝2根$$

## 二、框架梁纵筋计算

### 1. 楼层框架梁上、下部贯通筋长度计算

(1)当梁的支座足够宽时,上部纵筋直锚于支座内,应满足如下条件,如图 2-40 所示。

**图 2-40　梁端支座直锚示意**

楼层框架梁上、下部贯通钢筋长度＝$l_n$＋左锚入支座内长度 $\max\{l_{aE},0.5h_c＋5d\}＋$

右锚入支座内长度 $\max\{l_{aE},0.5h_c＋5d\}$

式中:$l_n$—— 通跨净长(mm);

$h_c$——柱截面沿框架梁方向的宽度(mm);

$l_{aE}$——钢筋锚固长度(mm);

$d$——钢筋直径(mm)。

(2)当梁的支座宽度 $h_c$ 较小时,梁上、下部纵筋伸入支座的长度不能满足锚固要求,钢筋在端支座分弯锚和加锚头(锚板)两种方式锚固,如图 2-41 所示。

(a)　　　　　　　　　　　　(b)

**图 2-41　钢筋在端支座锚固长度小于 $l_{aE}$ 时构造**

(a)端支座钢筋弯锚构造;(b)端支座钢筋加锚头(锚板)

弯折锚固长度＝$\max\{l_{aE}, 0.4l_{aE}+15d$，支座宽 $h_c$－保护层厚度$+15d\}$

端支座加锚板时，梁纵筋伸至柱外侧纵筋内侧且伸入柱中长度$\geq 0.4l_{abE}$，同时在钢筋端头加锚头或锚板，如图 2-42 所示。

**图 2-42 梁下部非通长筋示意**

弯锚时：

楼层框架梁上部贯通筋长度＝$l_n$＋左锚入支座内长度 $\max\{l_{aE}, 0.4l_{abE}+15d$，支座宽 $h_c$－保护层$+15d\}$＋右锚入支座内长度 $\max\{l_{aE}, 0.4l_{abE}+15d$，支座宽 $h_c$－保护层厚度$+15d\}$

钢筋端头加锚头或锚板时：

楼层框架梁上、下部贯通筋长度＝$l_n$＋左锚入支座内长度 $\max\{0.4l_{abE}$，支座宽 $h_c$－保护层厚度$\}$＋右锚入支座内长度 $\max\{0.4l_{abE}$，支座宽 $h_c$－保护层厚度$\}$＋锚头长度

**2. 楼层框架梁下部非贯通筋长度计算**

梁下部非通长筋计算，如图 2-42 所示。

(1)当端支座足够宽时，端支座下部非贯通筋直锚在支座内，端支座锚固长度和中间支座锚固长度为：$\max\{l_{aE}, 0.5h_c+5d\}$。

梁下部非贯通筋长度按如下公式计算：

首尾跨下部非贯通筋长度＝净跨 $l_{n1}(l_{n3})$＋左锚入支座内长度 $\max\{l_{aE}, 0.5h_c+5d\}$＋右锚入支座内长度 $\max\{l_{aE}, 0.5h_c+5d\}$

中间跨下部非贯通筋长度＝净跨 $l_{n2}$＋左锚入支座内长度 $\max\{l_{aE}, 0.5h_c+5d\}$＋右锚入支座内长度 $\max\{l_{aE}, 0.5h_c+5d\}$

(2)当梁端支座不能满足直锚长度时，必须弯锚，端支座下部钢筋应弯锚在支座内，端支座锚固长度为：$\max\{0.4l_{abE}+15d$，支座宽 $h_c$－保护层厚度$+15d\}$，中间支座锚固长度为：$\max$

$\{l_{aE}, 0.5h_c + 5d\}$。

下部非贯通筋长度按如下公式计算：

首尾跨下部非贯通筋长度＝净跨 $l_{n1}(l_{n3})$＋端支座锚固长度 $\max\{0.4l_{abE}+15d,$

支座宽 $h_c$－保护层厚度＋$15d\}$＋中间支座锚固长度 $\max\{l_{aE},$

$0.5h_c+5d\}$

中间跨下部非贯通筋长度＝净跨 $l_{n2}$＋左锚入支座内长度 $\max\{l_{aE}, 0.5h_c+5d\}$＋

右锚入支座内长度 $\max\{l_{aE}, 0.5h_c+5d\}$

楼层框架梁 KL1 的平法表示，如图 2-43 所示。KL1 的纵筋直锚构造，如图 2-44 所示。梁只有上、下通长筋，且柱子截面较大，保护层厚度为 20 mm，混凝土强度等级为 C30，二级抗震等级，采用 HRB335 级钢筋。试计算上、下通长筋的长度。

图 2-43 楼层框架梁 KL1 的平法图

图 2-44 楼层框架梁 KL1 纵筋直锚构造

【解】 首先要判断钢筋是否直锚在端支座内。由图 2-44 可知，在柱子宽 $h_c$－保护层$\geqslant l_{aE}$ 时，纵筋直锚在端支座里。支座宽 $h_c=1000$ mm。

由 16G101－1 图集可查得：

锚固长度 $l_{aE}=33d=(33\times25)\text{mm}=825\text{ mm}$

柱子宽 $h_c$－保护层厚度＝$(1000-20)\text{mm}=980\text{ mm}$

因为柱子宽 $h_c$－保护层厚度＞$l_{aE}$，所以判断纵向钢筋必须直锚。

(1)梁上部通长筋长度＝$0.5h_c+5d$

$$=(0.5\times700+5\times25)\text{mm}=475\text{ mm}$$

楼层框架梁上部贯通钢筋长度＝跨净长 $l_n$＋左锚入支座内长度 $\max\{l_{aE},0.5h_c+5d\}$＋右
锚入支座内长度 $\max\{l_{aE},0.5h_c+5d\}$

$$=[(6000-500-500)+\max\{825,475\}+\max\{825,475\}]\text{mm}$$

$$=6650\text{ mm}$$

(2)梁下部通长筋长度计算。

梁下部通长筋的计算方法与上部通长筋的一样。

楼层框架梁下部贯通钢筋长度＝跨净长 $l_n$＋左锚入支座内长度 $\max\{l_{aE},0.5h_c+5d\}$＋右
锚入支座内长度 $\max\{l_{aE},0.5h_c+5d\}$

$$=[(6000-500-500)+\max\{825,475\}+\max\{825,475\}]\text{mm}$$

$$=6650\text{ mm}$$

### 三、梁端支座直锚水平段的钢筋计算

从屋面框架梁纵筋构造图(图2-38)中可以看出,框架梁上、下纵筋的计算方法如下:

端支座处的框架梁纵筋首先要伸到柱对边的远端,然后再验算水平直锚段不小于 $0.4l_{aE}$。然而,从图2-38中可以看到,上部第一排、上部第二排、下部第一排、下部第二排纵筋的四个 $15d$ 直钩段形成"1、2、3、4"的从外向内的垂直层次,还要保证每两个直钩段钢筋净距不小于 $25\text{ mm}$,这样,有可能导致第 4 个层次(下部第二排纵筋)的直锚水平段长度小于 $0.4l_{abE}$ 的后果。

我们按图2-38中的KL2的端支座(600 mm×600 mm的端柱)进行上部两排纵筋和下部两排纵筋的配筋计算,结果发现"第 4 个层次"的纵筋的直锚水平段长度不满足"不小于 $0.4l_{abE}$"的要求。所以如果遇到保证每根钢筋之间净距与保证直锚长度不能同时满足的实际情况,就有了如下几个解决方案:

(1)梁钢筋弯钩直段与柱纵筋以不小于45°斜交,成"零距离点接触"。

(2)将最内层梁纵筋按等面积代换为较小直径的钢筋。

(3)梁下部纵筋锚入边柱时,端头直钩向下锚入柱内。这样的好处是:下部纵筋的 $15d$ 直钩不与上部纵筋的直钩打架,可以大大改善节点区的拥挤状态。只是要改变将施工缝留在梁底的习惯。

根据工程技术人员的实际经验,以及同结构设计人员对"平法梁"技术的深入探讨,提出下述新观点:

框架梁上部第一排、上部第二排、下部第一排、下部第二排纵筋的四个 $15d$ 直钩段形成"1、2、1、2",的垂直层次,可以改善原来第 4 个层次(下部第二排纵筋)直锚水平段不足 $0.4l_{abE}$ 的状况。

也就是说:框架梁上部第一排纵筋直通到柱外侧,上部第二排纵筋的直钩段与第一排纵筋保持一个钢筋净距;同样,框架梁下部第一排纵筋也是直通到柱外侧,下部第二排纵筋的直钩段与第一排纵筋保持一个钢筋净距。

按这样的布筋方法,下部第一排纵筋的直锚水平段长度与上部第一排纵筋相同,下部第二排纵筋的直锚水平段长度与上部第二排纵筋相同。这样,可以避免发生下部第二排纵筋直锚水平段长度小于 $0.4l_{abE}$ 的现象。

这个新方案实现的可能性:虽然上部第一排纵筋和下部第一排纵筋的 $15d$ 垂直段同属一个垂直层次,但是安装钢筋时可以把"$15d$ 直钩段"向相反方向作一定角度的偏转,从而可以避免两个"$15d$ 直钩段"相互碰头。

根据上面的分析,第一排纵筋和第二排纵筋的直锚水平段长度的计算公式如下:

$$第一排纵筋直锚水平段长度=支座宽度-30-d_z-25$$
$$第二排纵筋直锚水平段长度=支座宽度-30-d_z-25-d_1-25$$

式中:$d_z$——柱外侧纵筋的直径(mm);

$\quad d_1$——第一排梁纵筋的直径(mm);

$\quad 30$——柱纵筋的保护层厚度(mm);

$\quad 25$——两排纵筋直钩段之间的净距(mm)。

第一排纵筋直钩段与柱外侧纵筋的净距为 25 mm,第二排纵筋直钩段与第一排纵筋直钩段的净距为 25 mm。

## 四、屋面框架梁钢筋计算

屋面框架除上部通长筋和端支座负筋弯折长度伸至梁底,其他钢筋的算法和楼层框架梁相同。

屋面框架梁配筋如图 2-38 所示。

注:当梁的上部既有通长筋又有架立筋时,其中架立筋的搭接长度为 150 mm。

(1)屋面框架梁上部贯通筋长度计算。

屋面框架梁上部贯通筋长度=通跨净长+(左端支座宽-保护层厚度)+(右端支座宽-
保护层厚度)+弯折(梁高-保护层厚度)×2

(2)屋面框架梁上部第一排负筋长度计算。

屋面框架梁上部第一排端支座负筋长度=净跨 $l_{n1}/3$+(左端支座宽-保护层厚度)+
弯折(梁高-保护层厚度)

（3）屋面框架梁上部第二排负筋长度计算。

屋面框架梁上部第二排端支座负筋长度＝净跨 $l_{n1}/4$＋（左端支座宽－保护层厚度）＋

弯折（梁高－保护层厚度）

**例题** 　某一屋面框架梁 WKL1 的平法表示如图 2-45 所示。保护层厚度为 25 mm，每 8000 mm 搭接一次，混凝土强度等级为 C35，一级抗震等级，采用 HRB335 级钢筋。试计算该屋面框架梁的钢筋。

图 2-45　屋面框架梁 WKL 的平法图

**【解】**　（1）上部通长筋的计算。

屋面框架梁上部贯通筋长度＝通跨净长＋（左端支座宽－保护层厚度）＋（右端支座宽－

保护层厚度）＋弯折（梁高－保护层厚度）×2

$$＝[(6000＋6900＋3200－375－375)＋(750－25)＋(750－$$

$$25)＋(700－25)×2]mm＝18\,150\,mm$$

（2）第一跨下部钢筋计算。

根据"混凝土强度等级为 C35，一级抗震等级，采用 HRB335 级钢筋"已知条件，查 16G101-1 图集中的锚固长度表可知：$l_{aE}＝31d＝(31×25)mm＝775\,mm$

支座宽 $h_c$－保护层厚度＝$(750－25)mm＝725\,mm$

因为支座宽 $h_c$－保护层厚度$<l_{aE}$，所以判断纵向钢筋必须弯锚。

左支座锚固＝$\max\{0.4l_{abE}＋15d,$支座宽 $h_c$－保护层厚度＋$15d\}$

$$＝(\max\{0.4×31×25＋15×25,750－25＋15×25\})mm＝1100\,mm$$

右支座锚固＝$\max\{l_{aE},0.5h_c＋5d\}$

$$＝(\max\{775,0.5×750＋5×25\})mm＝775\,mm$$

第一跨下部钢筋长度＝通跨净长＋左支座锚固＋右支座锚固

$$＝[(6000－375－375)＋1100＋775]mm＝7125\,mm$$

（3）第二跨下部钢筋计算。

左、右支座锚固＝$\max\{l_{aE},0.5h_c＋5d\}$

$$＝(\max\{775,0.5×750＋5×25\})mm＝775\,mm$$

第二跨下部钢筋长度＝通跨净长＋左支座锚固＋右支座锚固

$$=[(6900-375-375)+775+775]mm=7700\ mm$$

（4）第三跨下部钢筋计算。

左支座锚固＝$\max\{l_{aE},0.5h_c+5d\}$

$$=(\max\{775,0.5\times750+5\times25\})mm=775\ mm$$

右支座锚固＝$\max\{0.4l_{abE}+15d,支座宽\ h_c-保护层厚度+15d\}$

$$=(\max\{0.4\times31\times25+15\times25,750-25+15\times25\})mm=1100\ mm$$

第三跨下部钢筋长度＝通跨净长＋左支座锚固＋右支座锚固

$$=[(3200-375-375)+775+1100]mm=4325\ mm$$

（5）第三跨跨中钢筋计算。

右锚固长度＝（支座宽－保护层厚度）＋（梁高－保护层厚度）

$$=[(750-25)+(700-25)]mm=1400\ mm$$

第三跨跨中钢筋长度＝第三跨净跨长＋支座宽＋第二跨净跨长/3＋右锚固长度

$$=[(3200-375-375)+750+(6900-375-375)/3+1400]mm=6650\ mm$$

## 五、框架梁箍筋计算

16G101-1图集把各级抗震等级的框架梁箍筋构造合并来表示，如图2-46所示。

图 2-46　框架梁箍筋构造合并示意

（a）框架梁箍筋加密区范围（一）；（b）框架梁箍筋加密区范围（二）

（1）梁支座附近设箍筋加密区。

加密区长度：抗震等级为一级时，加密区长度不小于 $2.0h_b$ 且不小于 500 mm；抗震等级为二～四级时，加密区长度为不小于 $1.5h_b$ 且不小于 500 mm（$h_b$ 为梁截面高度）。

（2）第一个箍筋在距支座边缘 50 mm 处开始设置。

（3）弧形梁沿中心线展开，箍筋间距沿凸面线量度。

（4）当箍筋为多肢复合箍时，应采用大箍套小箍的形式。

**例题** 计算梁平法施工图的截面注写方式示例（图 2-12）中的抗震框架梁 KL2 第一跨的箍筋根数。KL2 的截面尺寸为 300 mm×700 mm，箍筋集中标注为Φ 10@100/200(2)。一级抗震等级。

**【解】** 从图 2-12 中，可知 KL2 箍筋集中标注为Φ10@100/200(2)，表示箍筋加密区的间距是 100 mm，非加密区的间距是 200 mm。我们首先要计算加密区的长度和非加密区的长度，然后分别就加密区和非加密区分别计算箍筋根数。

（1）KL2 第一跨的净跨长度＝(7200－450－375)mm＝6375 mm

（2）计算加密区和非加密区的长度。

在一跨梁中，加密区有左、右两个，我们计算的是一个加密区的长度。由于本例是一级抗震等级，所以：

$$加密区的长度＝\max\{2\times h_b, 500\}$$
$$＝(\max\{2\times 700, 500\})mm＝1400\ mm$$

非加密区的长度＝(6375－1400×2)mm＝3575 mm

（3）计算加密区的箍筋根数。

$$布筋范围＝加密区长度－50$$
$$＝(1400－50)mm＝1350\ mm$$

计算"布筋范围除以间距"：1350/100＝13.5，取整为 14。

所以，一个加密区的箍筋根数＝"布筋范围除以间距"＋1
$$＝(14＋1)根＝15\ 根$$

KL2 第一跨有两个加密区，其箍筋根数＝(2×15)根＝30 根

（4）重新调整"非加密区的长度"。现在不能以 3575 mm 作为"非加密区的长度"来计算箍筋根数，而要根据上述在"加密区箍筋根数计算"中作出过的范围调整，来修正"非加密区的长度"。

实际的一个加密区长度＝(50＋14×100)mm＝1450 mm

实际的非加密区长度＝(6375－1450×2)mm＝3475 mm

（5）计算非加密区的箍筋根数。

布筋范围＝3475 mm

计算"布筋范围除以间距"：3475/200＝17.375，取整为 18。

但是现在也不能说非加密区箍筋根数＝"布筋范围除以间距"＋1＝(18＋1)根＝19 根，因

为,在这个"非加密区"两端的"加密区"计算箍筋时已经执行过"根数＋1"了,所以,在计算"非加密区"箍筋根数的过程中,不应该执行"根数加1",而应该执行"根数－1"。

$$非加密区箍筋根数＝"布筋范围除以间距"－1$$
$$＝(18－1)根＝17根$$

(6)计算 KL2 第一跨的箍筋总根数。

$$KL2\ 第一跨的箍筋总根数＝加密区箍筋根数＋非加密区箍筋根数$$
$$＝(30＋17)根＝47根$$

# 第三章 板构件平法识图与钢筋算量

## 第一节 板构件平法施工图识图规则

### 一、有梁楼盖板平法施工图识图规则

有梁楼盖板平法施工图,是指在楼面板和屋面板的布置图上,采用平面注写的表达方式。

为方便设计表达和施工识图,规定结构平面的坐标方向为:

(1)当两向轴网正交布置时,图面从左至右为 X 向,从下至上为 Y 向。

(2)当轴网转折时,局部坐标方向顺轴网转折角度做相应转折。

(3)当轴网向心布置时,切向为 X 向,径向为 Y 向。

此外,对于平面布置比较复杂的区域,如轴网转折交界区域、向心布置的核心区域等,其平面坐标方向应由设计者另行规定并在图上明确表示。

有梁楼盖板平法施工图平面注写主要包括板块集中标注和板支座原位标注。

#### 1. 板块集中标注

板块集中标注的内容包括板块编号,板厚,上部贯通纵筋,下部纵筋,以及当板面标高不同时的标高高差。

(1)所有的板块应逐一编号,相同编号的板块可择其一作集中标注,其他仅注写置于圆圈内的板编号,以及当板面标高不同时的标高高差。

板块编号的规定具体见表 3-1。

表 3-1　板块编号

| 板类型 | 代号 | 序号 |
|---|---|---|
| 楼面板 | LB | ×× |
| 屋面板 | WB | ×× |
| 悬挑板 | XB | ×× |

（2）板厚注写为 $h=×××$（为垂直于板面的厚度）；当悬挑板的端部改变截面厚度时，用斜线"/"分隔根部与端部的高度值，注写为 $h=×××/×××$；当设计已在图注中统一注明板厚时，此项可不注。

（3）纵筋按板块的下部纵筋和上部贯通纵筋分别注写（当板块上部不设贯通纵筋时则不注），并以 B 代表下部纵筋，以 T 代表上部贯通纵筋，B&T 代表下部与上部；X 向贯通纵筋以 X 打头，Y 向贯通纵筋以 Y 打头，两向贯通纵筋配置相同时则以 X&Y 打头。

当为单向板时，分布筋可不必注写，而在图中统一注明。

当在某些板内（如在悬挑板 XB 的下部）配置有构造钢筋时，则 X 向以 $X_c$，Y 向以 $Y_c$ 打头注写。

当 Y 向采用放射配筋时（切向为 X 向，径向为 Y 向），应注明配筋间距的定位尺寸。当纵筋采用两种规格钢筋"隔一布一"方式时，表达为 Φxx/yy@×××，表示直径为 xx 的钢筋和直径为 yy 的钢筋二者之间间距为×××，直径 xx 的钢筋的间距为×××的 2 倍，直径 yy 的钢筋的间距为×××的 2 倍。

（4）板面标高高差，指相对于结构层楼面标高的高差，应将其注写在括号内，且有高差则注，无高差不注。

例如，有一楼面板块注写为：LB5　$h=150$；B：X Φ10@135；Y Φ10@110，表示 5 号楼面板，板厚 150 mm，板下部配置的贯通纵筋 X 向为 Φ10@135，Y 向为 Φ10@110；板上部未配置贯通纵筋。

同一编号板块的类型、板厚和纵筋均应相同，但板面标高、跨度、平面形状及板支座上部非贯通纵筋可以不同，如同一编号板块的平面形状可为矩形、多边形及其他形状。施工预算时，应根据其实际平面形状，分别计算各块板的混凝土与钢材用量。

### 2. 板支座原位标注

（1）板支座原位标注的内容包括板支座上部非贯通纵筋和悬挑板上部受力钢筋。

板支座原位标注的钢筋，应在配置相同跨的第一跨表达（当在梁悬挑部位单独配置时则在原位表达）。在配置相同跨的第一跨（或梁悬挑部位），垂直于板支座（梁或墙）绘制一段适宜长度的中粗实线（当该筋通长设置在悬挑板或短跨板上部时，实线段应画至对边或贯通短跨），以

该线段代表支座上部非贯通纵筋，并在线段上方注写钢筋编号（如①、②）、配筋值、横向连续布置的跨数（注写在括号内，且当为一跨时可不注），以及是否横向布置到梁的悬挑端。

板支座上部非贯通筋自支座中线向跨内的伸出长度，注写在线段的下方位置。

当中间支座上部非贯通纵筋向支座两侧对称伸出时，可仅在支座一侧线段下方标注伸出长度，另一侧不注，如图 3-1 所示。

当向支座两侧非对称伸出时，应分别在支座两侧

图 3-1　板支座上部非贯通筋对称伸出

线段下方注写伸出长度，如图 3-2 所示。

**图 3-2 板支座上部非贯通筋非对称伸出**

对线段画至对边贯通全跨或贯通全悬挑长度的上部通长纵筋，贯通全跨或伸出至全悬挑一侧的长度值不注，只注明非贯通筋另一侧的伸出长度值，如图 3-3 所示。

**图 3-3 板支座非贯通筋贯通全跨或伸出至悬挑端**

板支座原位标注时，当板支座为弧形，支座上部非贯通纵筋呈放射状分布时，设计者应注明配筋间距的度量位置并加注"放射分布"四字，必要时应补绘平面配筋图，如图 3-4 所示。

**图 3-4 弧形支座处放射配筋**

悬挑板的注写方式如图 3-5、图 3-6 所示。当悬挑板端部厚度不小于 150 mm 时，应指定板端部封边构造方式；当采用 U 形钢筋封边时，还应指定 U 形钢筋的规格、直径。

图 3-5 悬挑板支座非贯通筋注写方式(一)

图 3-6 悬挑板支座非贯通筋注写方式(二)

在板平面布置图中,不同部位的板支座上部非贯通纵筋及悬挑板上部受力钢筋,可仅在一个部位注写,对其他相同者则仅需在代表钢筋的线段上注写编号及横向连续布置的跨数即可。

此外,与板支座上部非贯通纵筋垂直且绑扎在一起的构造钢筋或分布钢筋,应在图中注明。

(2)当板的上部已配置有贯通纵筋,但需增配板支座上部非贯通纵筋时,应结合已配置的同向贯通纵筋的直径与间距采取"隔一布一"方式配置。

"隔一布一"方式,为非贯通纵筋的标注间距与贯通纵筋相同,两者组合后的实际间距为各自标注间距的 1/2。当设定贯通纵筋为纵筋总截面面积的 50% 时,两种钢筋应取相同直径;当设定贯通纵筋大于或小于总截面面积的 50% 时,两种钢筋则取不同直径。

**3. 平法设计中板的其他规定**

(1)当悬挑板需要考虑竖向地震作用时,设计应注明该悬挑板纵向钢筋抗震锚固长度按何种抗震等级。

(2)板上部纵向钢筋在端支座(梁或圈梁)的锚固要求,16G101-1 图集中规定,当设计按铰接时,平直段伸至端支座对边后弯折,且平直段投影长度不小于 $0.35l_{ab}$,弯折段投影长度 $15d$($d$ 为纵向钢筋直径);当充分利用钢筋的抗拉强度时,平直段伸至端支座对边后弯折,且平直段长度不小于 $0.6l_{ab}$,弯折段投影长度 $15d$。设计者应在平法施工图中注明采用何种构造,当多数采用同种构造时可在图注中写明,并将少数不同之处在图中注明。

(3)板支承在剪力墙顶的端节点,当设计考虑墙外侧竖向钢筋与板上部纵向受力钢筋搭接传力时,应满足搭接长度要求,设计者应在平法施工图中注明。

(4)板纵向钢筋的连接可采用绑扎搭接、机械连接或焊接。当板纵向钢筋采用非接触方式搭接时,其搭接部位的钢筋净距不宜小于 30 mm,且钢筋中心距不应大于 $0.2l_t$ 及 150 mm 的较小者。

注:非接触搭接使混凝土能够与搭接范围内所有钢筋的全表面充分黏接,可以提高搭接钢筋之间通过混凝土传力的可靠度。

有梁楼盖板平法施工图的示例如图 3-7 所示。

图 3-7 有梁楼盖板平法施工图的示例

| 层号 | 标高 /m | 结构层高 /m |
|---|---|---|
| 屋面2 | 65.670 | 3.30 |
| 塔层2（塔层1）屋面1 | 62.370 | 3.30 |
| | 59.070 | 3.60 |
| 16 | 55.470 | 3.60 |
| 15 | 51.870 | 3.60 |
| 14 | 48.270 | 3.60 |
| 13 | 44.670 | 3.60 |
| 12 | 41.070 | 3.60 |
| 11 | 37.470 | 3.60 |
| 10 | 33.870 | 3.60 |
| 9 | 30.270 | 3.60 |
| 8 | 26.670 | 3.60 |
| 7 | 23.070 | 3.60 |
| 6 | 19.470 | 3.60 |
| 5 | 15.870 | 3.60 |
| 4 | 12.270 | 4.20 |
| 3 | 8.670 | 4.50 |
| 2 | 4.470 | 4.50 |
| 1 | -0.030 | 4.50 |
| -1 | -4.530 | 4.50 |
| -2 | -9.030 | 4.50 |
| 层号 | 标高 /m | 结构层高 /m |

结构层楼面标高
结构层高

## 二、无梁楼盖板平法施工图识图规则

无梁楼盖板平法施工图,是指在楼面板和屋面板的布置图上,采用平面注写的表达方式。

无梁楼盖平法施工图平面注写主要有板带集中标注和板带支座原位标注两部分内容。

### 1. 板带集中标注

(1)集中标注应在板带贯通纵筋配置相同跨的第一跨(X 向为左端跨,Y 向为下端跨)注写。相同编号的板带可择其一做集中标注,其他仅注写板带编号(注在圆圈内)。

板带集中标注的具体内容包括板带编号、板带厚及板带宽和贯通纵筋。

①板带编号按表 3-2 的规定。

表 3-2 板带编号

| 板带类型 | 代号 | 序号 | 跨数及有无悬挑 |
|---|---|---|---|
| 柱上板带 | ZSB | ×× | (××)、(××A)或(××B) |
| 跨中板带 | KZB | ×× | (××)、(××A)或(××B) |

注:1. 跨数按柱网轴线计算(两相邻柱轴线之间为一跨);

2.(××A)为一端有悬挑,(××B)为两端有悬挑,悬挑不计入跨数。

②板带厚注写为 $h=×××$,板带宽注写为 $b=×××$。当无梁楼盖整体厚度和板带宽度已在图中注明时,此项可不注。

③贯通纵筋按板带下部和板带上部分别注写,并以 B 代表下部,T 代表上部,B&T 代表下部和上部。当采用放射配筋时,应注明配筋间距的度量位置,必要时补绘配筋平面图。

应注意的是,相邻等跨板带上部贯通纵筋应在跨中 1/3 净跨长范围内连接;当同向连续板带的上部贯通纵筋配置不同时,应将配置较大者越过其标注的跨数终点或起点伸至相邻跨的跨中连接区域连接。

(2)当局部区域的板面标高与整体不同时,应在无梁楼盖的板平法施工图上注明板面标高高差及分布范围。

### 2. 板带支座原位标注

(1)板带支座原位标注的具体内容为板带支座上部非贯通纵筋。以一段与板带同向的中粗实线段代表板带支座上部非贯通纵筋;对柱上板带,实线段贯穿柱上区域绘制;对跨中板带,实线段横贯柱网轴线绘制。在线段上注写钢筋编号(如①、②)、配筋值及在线段的下方注写自支座中线向两侧跨内的伸出长度。

当板带支座非贯通纵筋自支座中线向两侧对称伸出时,其伸出长度可仅在一侧标注;当配置在有悬挑端的边柱上时,该筋伸出到悬挑尽端,设计不注。当支座上部非贯通纵筋呈放射分布时,设计者应注明配筋间距的定位位置。

不同部位的板带支座上部非贯通纵筋相同者,可仅在一个部位注写,其余则在代表非贯通纵筋的线段上注写编号。

(2)当板带上部已经配有贯通纵筋,但需增加配置板带支座上部非贯通纵筋时,应结合已配同向贯通纵筋的直径与间距,采取"隔一布一"的方式配置。

**3. 暗梁的表示方法**

（1）暗梁平面注写包括暗梁集中标注、暗梁支座原位标注。施工图中在柱轴线处画中粗虚线表示暗梁。

（2）暗梁集中标注包括暗梁编号、暗梁截面尺寸（箍筋外皮宽度×板厚）、暗梁箍筋、暗梁上部通长筋或架立筋。暗梁编号见表3-3。

表3-3 暗梁编号

| 构件类型 | 代号 | 序号 | 跨数及有无悬挑 |
|---|---|---|---|
| 暗梁 | AL | ×× | （××）、（××A）或（××B） |

注：1. 跨数按柱网轴线计算（两相邻柱轴线之间为一跨）；

　　2.（××A）为一端有悬挑，（××B）为两端有悬挑，悬挑不计入跨数。

（3）暗梁支座原位标注包括梁支座上部纵筋、梁下部纵筋。当在暗梁上集中标注的内容不适用于某跨或某悬挑端时，则将其不同数值标注在该跨或该悬挑端，施工时按原位注写取值。

（4）柱上板带标注的配筋仅设置在暗梁之外的柱上板带范围内。

（5）暗梁中纵向钢筋连接、锚固及支座上部纵筋的伸出长度等要求同轴线处柱上板带中纵向钢筋。

**4. 平法设计中的其他规定**

（1）当悬挑板需要考虑竖向地震作用时，设计应注明该悬挑板纵向钢筋抗震锚固长度按何种抗震等级。

（2）无梁楼盖板纵向钢筋的锚固和搭接需满足受拉钢筋的要求。

（3）无梁楼盖跨中板带上部纵向钢筋在端支座的锚固要求，16G101-1图集规定，当设计按铰接时，平直段伸至端支座对边后弯折，且平直段长度不小于$0.35l_{ab}$，弯折段投影长度$15d$（$d$为纵向钢筋直径）；当充分利用钢筋的抗拉强度时，直段伸至端支座对边后弯折，且平直段长度不小于$0.6l_{ab}$，弯折段投影长度$15d$。设计者应在平法施工图中注明采用何种构造，当多数采用同种构造时可在图注中写明，并将少数不同之处在图中注明。

（4）无梁楼盖跨中板带支承在剪力墙顶的端节点，当板上部纵向钢筋充分利用钢筋的抗拉强度（锚固在支座中），直段伸至端支座对边后弯折，且平直段长度不小于$0.6l_{ab}$，弯折段投影长度$15d$；当设计考虑墙外侧竖向钢筋与板上部纵向受力钢筋搭接传力时，应满足搭接长度要求；设计者应在平法施工图中注明采用何种构造，当多数采用同种构造时可在图注中写明，并将少数不同之处在图中说明。

（5）板纵向钢筋的连接可采用绑扎搭接、机械连接或焊接。当板纵向钢筋采用非接触方式的绑扎搭接时，其搭接部位的钢筋净距不宜小于30 mm，且钢筋中心距不应大于$0.2l_l$及150 mm的较小者。

注：非接触搭接使混凝土能够与搭接范围内所有钢筋的全表面充分黏接，可以提高搭接钢筋之间通过混凝土传力的可靠度。

无梁楼盖板平法施工图的示例如图3-8所示。

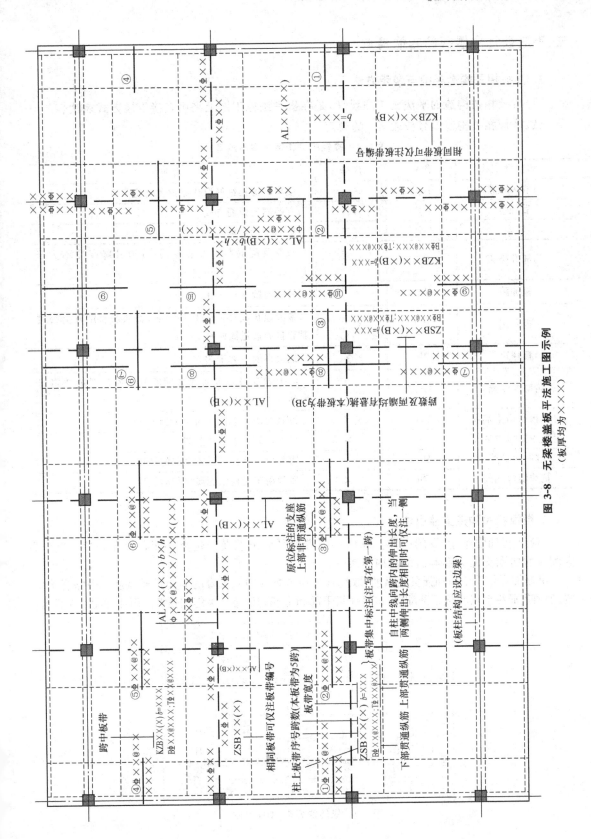

图 3-8　无梁楼盖板平法施工图示例
（板厚均为××××）

### 三、平法设计中楼板的其他规定

#### 1. 楼板相关构造类型与表示方法

（1）楼板相关构造的平法施工图设计，是在板平法施工图上采用直接引注方式表达。

（2）楼板相关构造编号按表 3-4 的规定。

表 3-4　楼板相关构造类型与编号

| 构造类型 | 代号 | 序号 | 说明 |
|---|---|---|---|
| 纵筋加强带 | JQD | ×× | 以单向加强纵筋取代原位置配筋 |
| 后浇带 | HJD | ×× | 有不同的留筋方式 |
| 柱帽 | ZM× | ×× | 适用于无梁楼盖 |
| 局部升降板 | SJB | ×× | 板厚及配筋与所在板相同；构造升降高度不大于 300 mm |
| 板加腋 | JY | ×× | 腋高与腋宽可选注 |
| 板开洞 | BD | ×× | 最大边长或直径小于 1000 m；加强筋长度有全跨贯通和自洞边锚固两种 |
| 板翻边 | FB | ×× | 翻边高度不大于 300 mm |
| 角部加强筋 | Crs | ×× | 以上部双向非贯通加强钢筋取代原位置的非贯通配筋 |
| 悬挑板阴角附加筋 | Cis | ×× | 板悬挑阴角上部斜向附加钢筋 |
| 悬挑板阳角放射筋 | Ces | ×× | 板悬挑阳角上部放射筋 |
| 抗冲切箍筋 | Rh | ×× | 通常用于无柱角无梁楼盖的柱顶 |
| 抗冲切弯起筋 | Rb | ×× | 通常用于无柱帽无梁楼盖的柱顶 |

#### 2. 楼板相关构造直接引注

（1）纵筋加强带 JQD 的引注。纵筋加强带的平面形状及定位由平面布置图表达，加强带内配置的加强贯通纵筋等由引注内容表达。

纵筋加强带设单向加强贯通纵筋，取代其所在位置板中原配置的同向贯通纵筋。根据受力需要，加强贯通纵筋可在板下部配置，也可在板下部和上部均设置。纵筋加强带的引注如图 3-9 所示。

图 3-9　纵筋加强带 JQD 引注

当板下部和上部均设置加强贯通纵筋,而板带上部横向无配筋时,加强带上部横向配筋应由设计者注明。

当将纵筋加强带设置为暗梁形式时应注写箍筋,其引注如图 3-10 所示。

**图 3-10 纵筋加强带 JQD 引注**(暗梁形式)

(2)后浇带 HJD 的引注。后浇带的平面形状及定位由平面布置图表达,后浇带留筋方式等由引注内容表达,包括:

①后浇带编号及留筋方式代号。留筋方式包括贯通留筋和 100％搭接留筋。

②后浇混凝土的强度等级 C××。宜采用补偿收缩混凝土,设计者应注明相关施工要求。

③当后浇带区域留筋方式或后浇混凝土强度等级不一致时,设计者应在图中注明与图示不一致的部位及做法。

后浇带引注如图 3-11 所示。

**图 3-11 后浇带 HJD 引注**

贯通钢筋的后浇带宽度通常取大于或等于 800 mm;100％搭接钢筋的后浇带宽度通常取

800 mm 与($l_1$＋60 mm 或 $l_{lE}$＋60 mm)的较大值($l_1$、$l_{lE}$分别为受拉钢筋搭接长度)。

　　(3)柱帽 ZM×的引注如图所示。柱帽的平面形状有矩形、圆形或多边形等,其平面形状由平面布置图表达。

　　柱帽的立面形状有单倾角柱帽 ZMa(图 3-12)、托板柱帽 ZMb(图 3-13)、变倾角柱帽 ZMc(图 3-14)和倾角托板柱帽 ZMab(图 3-15)等,其立面几何尺寸和配筋由具体的引注内容表达。当 X、Y 方向不一致时,图 3-12～图 3-15 中 $c_1$、$c_2$ 应标注为($c_{1,X}$,$c_{1,Y}$)、($c_{2,X}$,$c_{2,Y}$)。

**图 3-12　单倾角柱帽 ZMa 引注**

**图 3-13　托板柱帽 ZMb 引注**

**图 3-14 变倾角柱帽 ZMc 引注**

**图 3-15 倾角托板柱帽 ZMab 引注**

(4)局部升降板 SJB 的引注如图 3-16 所示。局部升降板的平面形状及定位由平面布置图表达,其他内容由引注内容表达。

**图 3-16 局部升降板 SJB 引注**

局部升降板的板厚、壁厚和配筋,在标准构造详图中取与所在板块的板厚和配筋相同,设计不注;当采用不同板厚、壁厚和配筋时,设计应补充绘制截面配筋图。

局部升降板升高与降低的高度,在标准构造详图中限定为小于或等于 300 mm,当高度大于 300 mm 时,设计应补充绘制截面配筋图。

设计应注意:局部升降板的下部与上部配筋均应设计为双向贯通纵筋。

（5）板加腋 JY 的引注如图 3-17 所示。板加腋的位置与范围由平面布置图表达,腋宽、腋高及配筋等由引注内容表达。

图 3-17　板加腋 JY 引注

当为板底加腋时腋线应为虚线,当为板面加腋时腋线应为实线;当腋宽与腋高同板厚时,设计不注。加腋配筋按标准构造,设计不注;当加腋配筋与标准构造不同时,设计应补充绘制截面配筋图。

（6）板开洞 BD 的引注如图 3-18 所示。板开洞的平面形状及定位由平面布置图表达,洞的几何尺寸等由引注内容表达。

图 3-18　板开洞 BD 引注

当矩形洞口边长或圆形洞口直径小于或等于 1000 mm,且当洞边无集中荷载作用时,洞边补强钢筋可按标准构造的规定设置,设计不注;当洞口周边加强钢筋不伸至支座时,应在图中画出所有加强钢筋,并标注不伸至支座的钢筋长度。当具体工程所需要的补强钢筋与标准构造不同时,设计应加以注明。

当矩形洞口边长或圆形洞口直径大于 1000 mm,或虽小于或等于 1000 mm,但洞边有集中荷载作用时,设计应根据具体情况采取相应的处理措施。

(7)板翻边 FB 的引注如图 3-19 所示。板翻边可为上翻也可为下翻,翻边尺寸等在引注内容中表达,翻边高度在标准构造详图中为小于或等于 300 mm。当翻边高度大于 300 mm 时,由设计者自行处理。

**图 3-19 板翻边 FB 引注**

(8)角部加强筋 Crs 的引注如图 3-20 所示。角部加强筋通常用于板块角区的上部,根据规范规定的受力要求选择配置。角部加强筋将在其分布范围内取代原配置的板支座上部非贯通纵筋,且当其分布范围内配有板上部贯通纵筋时则间隔布置。

**图 3-20 角部加强筋 Crs 的引注**

(9)悬挑板阴角附加筋 Cis 的引注如图 3-21 所示。悬挑板阴角附加筋是指在悬挑板的阴角部位斜放的附加钢筋,该附加钢筋设置在板上部悬挑受力钢筋的下面。

**图 3—21　悬挑板阴角附加筋 Cis 引注**

(10)悬挑板阳角附加筋 Ces 的引注如图 3-22、图 3-23 所示。

**图 3-22　悬挑板阳角附加筋 Ces 引注(一)**

**图 3-23　悬挑板阳角附加筋 Ces 引注(二)**

(11)抗冲切箍筋 Rh 的引注如图 3-24 所示。抗冲切箍筋通常在无柱帽无梁楼盖的柱顶部位设置。

**图 3-24 抗冲切箍筋 Rh 引注**

(12)抗冲切弯起筋 Rb 的引注如图 3-25 所示。抗冲切弯起筋通常在无柱帽无梁楼盖的柱顶部位设置。

**图 3-25 抗冲切弯起筋 Rb 引注**

16G101-1 图集中未包括的其他构造,应由设计者根据具体工程情况按照规范要求进行设计。

## 第二节 板构件平法识图

### 一、板构件平法施工图的内容

板构件平法施工图主要包括以下内容:

(1)图名、比例。

(2)定位轴线及其编号应与建筑平面图一致。

(3)板的板厚和标高。

(4)板的配筋情况。

(5)必要的设计详图和说明。

## 二、板构件平法识图步骤

板构件平法识图步骤如下：

(1)查看图名、比例。

(2)校核轴线编号及其间距尺寸，要求必须与建筑图、梁平法施工图保持一致。

(3)阅读结构设计总说明或图纸说明，明确现浇板的混凝土强度等级及其他要求。

(4)明确现浇板的厚度和标高。

(5)明确现浇板的配筋情况，并参阅说明，了解未标注的分布钢筋情况等。

识读现浇板施工图时，应注意现浇板钢筋的弯钩方向，以便确定钢筋是在板的底部还是顶部。

需要特别强调的是，应分清板中纵横方向钢筋的位置关系。对于四边整浇的混凝土矩形板，由于力沿短边方向传递的多，下部钢筋一般是短边方向钢筋在下，长边方向钢筋在上，而下部钢筋正好相反。

## 三、板构件相关构造识图

### 1. 有梁楼盖楼(屋)面板配筋构造

(1)有梁楼盖楼面板 LB 和屋面板 WB 钢筋构造如图 3-26 所示。

**图 3-26　有梁楼盖楼面板 LB 和屋面板 WB 钢筋构造**

(括号内的锚固长度 $l_{aE}$ 用于梁板式转换层的板)

注：1. 当相邻等跨或不等跨的上部贯通纵筋配置不同时，应将配置较大者越过其标注的跨数终点或起点伸出至相邻跨的跨中连接区域连接。

2. 除本图所示搭接外，板纵筋可采用机械连接或焊接。接头位置：上部钢筋如本图所示连接区，下部钢筋宜在距支座 1/4 净跨内。

3. 板位于同一层面的两向交叉纵筋哪个方向在下哪个方向在上，应按具体设计说明确定。

4. 图中板的中间支座均按梁绘制，当支座为混凝土剪力墙时，其构造相同。

5. 梁板式转换层的板中 $l_{abE}$、$l_{aE}$ 按抗震等级四级取值，设计也可根据实际工程情况另行指定。

（2）板在端部支座的锚固构造如图 3-27、图 3-28 所示。

图 3-27　板在端部支座的锚固构造（一）

（a）普通楼屋面板；（b）用于梁板时转换层的楼面板

注：1. 图（a）、（b）中纵筋在端支座应伸至梁支座外侧纵筋内侧后弯折 15$d$，当平直段长度分别≥$l_a$、≥$l_{aE}$时可不弯折。

　　2. 图中"设计按铰接时""充分利用钢筋的抗拉强度时"由设计指定。

（a）

（b）　　　　　　　　　　（c）　　　　　　　　　　（d）

图 3-28　板在端部支座的锚固构造（二）

（a）端部支座为剪力墙中间层（括号内的数值用于梁板式转换层的板）；（b）端部支座为剪力墙墙顶，

板端按铰接设计时；（c）端部支座为剪力墙墙顶，板端上部纵筋按充分利用钢筋的抗拉强度时；

（d）端部支座为剪力墙墙顶，搭接

注：1. 板端部支座为剪力墙顶时，图（b）、（c）、（d）做法由设计指定；

　　2. 纵筋在端支座应伸至墙外侧水平分布钢筋内侧后弯折 15$d$，当平直段长度分别不小于 $l_a$ 或不小于 $l_{aE}$ 时可不弯折；

　　3. 梁板式转换层的板中 $l_{abE}$、$l_{aE}$ 按抗震等级四级取值，设计也可根据实际工程情况另行指定。

### 2. 有梁楼盖不等跨板上部贯通纵筋连接构造

有梁楼盖不等跨板上部贯通纵筋连接构造如图 3-29 所示。

(a)

(b)

(c)

**图 3-29 不等跨板上部贯通纵筋连接构造**

（当钢筋足够长时能通则通）

（a）构造（一）；（b）构造（二）；（c）构造（三）

注：$l'_{nx}$是轴线 A 左右两跨的较大净跨度值；$l'_{ny}$是轴线 C 左右两跨的较大净跨度值。

### 3. 无梁楼盖柱上板带 ZSB 与跨中板带 KZB 纵向钢筋构造

（1）柱上板带 ZSB 纵向钢筋构造如图 3-30 所示。

（2）跨中板带 KZB 纵向钢筋构造如图 3-31 所示。

**图 3-30 柱上板带 ZSB 纵向钢筋构造**

(板带上部非贯通纵筋向跨内伸长度按设计标注)

注：1. 当相邻跨或不等跨的上部贯通纵筋配置不同时，应将配置较大者越过其标注的跨数终点或起点伸出至相邻的跨的跨中连接区域连接。

2. 板贯通纵筋在连接区域内也可采用机械连接或焊接连接。

3. 板各部位同一层面的两向交叉纵筋何向在下何向在上，应按具体设计说明确定。

4. 本图构造同样适用于无柱帽的无梁楼盖。

5. 无梁楼盖柱上板带内贯通纵筋搭接长度应为 $l_{lE}$。无柱帽柱上板带的下部贯通纵筋，宜在距柱面 2 倍板厚以外连接，采用搭接时钢筋端部宜设置垂直于板面的弯钩。

**图 3-31 跨中板带 KZB 纵向钢筋构造**

（板带上部贯通纵筋向跨内伸出长度按设计标注）

**4. 板带端支座、板带悬挑端纵向钢筋构造**

**(1)板带端支座纵向钢筋构造如图 3-32、图 3-33 所示。**

(a)                                                              (b)

**图 3-32　板带端支座纵向钢筋构造(一)**

(a)柱上板带与柱连接；(b)跨中板带与梁连接

注:1. 本图板带端支座纵向钢筋构造、板带悬挑端纵向钢筋同样适用于无柱帽的无梁楼盖；

2. 图中"设计按铰接时""充分利用钢筋的抗拉强度时"由设计指定。

(a)

(b)                                                              (c)

**图 3-33　板带端支座纵向钢筋构造(二)**

续图 3-33

(a)跨中板带与剪力墙中间层连接；(b)跨中板带与剪力墙墙顶连接，搭接；(c)跨中板带
与剪力墙顶连接，板端上部纵筋按充分利用钢筋的抗拉强度时；(d)柱上板带与剪力墙
中间层连接；(e)柱上板带与剪力墙墙层连接

注：(b)、(c)做法由设计指定。

(2)板带悬挑端纵向钢筋构造如图 3-34 所示。

**图 3-34　板带悬挑端纵向钢筋构造**

(板带上部非贯通纵筋向跨内伸出长度按设计标注)

注：本图板带悬挑端纵向钢筋构造同样适用于无柱帽的无梁楼盖。

## 5. 悬挑板钢筋构造

悬挑板 XB 钢筋构造如图 3-35 所示。

**图 3-35 悬挑板 XB 钢筋构造**
(a)构造一;(b)构造二;(c)构造三

## 6. 单(双)向板配筋示意

单(双)向板配筋示意如图 3-36 所示。

**图 3-36 单(双)向板配筋示意**

# 四、板构件平法识图实例

> 某办公楼现浇板平法施工图如图 3-37 所示。
>
> 从图 3-37 的现浇板平法施工图中,可知其共有三种板,其编号分别为 LB1、LB2、LB3。
>
> 对于 LB1,板厚 $h=120$ mm。板下部钢筋为 B:X&Y Φ10@200,表示板下部钢筋两个方向均为 Φ10@200,没有配上部贯通钢筋。板支座负筋采用原位标注,并给出编号,同一编号的钢筋,仅详细注写一个,其余只注写编号。

对于 LB2，板厚 h＝100 mm。板下部钢筋为 B：X Φ8@200，Y Φ8@150。表示板下部钢筋 X 方向为 Φ8@200，Y 方向为 Φ8@150，没有配上部贯通钢筋。板支座负筋采用原位标注，并给出编号，同一编号的钢筋，仅详细注写一个，其余只注写编号。

对于 LB3，板厚 h＝100 mm。集中标注钢筋为 B&T：X&Y Φ8@200，表示该楼板上、下部两个方向均配 Φ8@200 的钢筋，即双层双向均为 Φ8@200。板集中标注下面括号内的数字（－0.080）表示该楼板比楼层结构标高低 80 mm。因为该房间为卫生间，卫生间的地面要比普通房间的地面低。

在楼房主入口处设有雨篷，雨篷应在 2 层结构平面图中表示，雨篷为纯悬挑板，所以编号为 XB1，板厚 h＝130 mm/100 mm，表示板根部厚度为 130 mm，板端部厚度为100 mm。悬挑板的下部不配钢筋，上部 X 方向通筋为 Φ8@200，悬挑板受力钢筋采用原位标注，即⑥号钢筋 Φ10@150。为了表达该雨篷的详细做法，图中还画有 A－A 断面图。从 A－A 断面图可以看出雨篷与框架梁的关系。板底标高为 2.900 m，刚好与框架梁底平齐。

**例题2**　某工程标准层顶板平法施工图如图 3-38 所示，设计说明如下：

（1）混凝土强度等级为 C30，钢筋采用 HPB300（Φ），HRB335（Φ）。

（2）▨▨所示范围为厨房或卫生间顶板，板顶标高为建筑物标高－0.080 m，其他部位板顶标高为建筑物标高－0.050 m，降板构造见 16G101 图集。

（3）未注明板厚均为 110 mm。

（4）未注明钢筋的规格均为 Φ8@140。

该图为某工程标准层顶板平法施工图，板厚有 110 mm 和 120 mm 两种，具体如图3-38 所示。

现以左下角为例来说明钢筋的配置情况。对于下部钢筋，可知图纸中的下部钢筋弯钩向上或向左，受力钢筋为 Φ8@140（即直径为 8 mm 的 HPB300 级钢筋，间距为140 mm）沿房屋纵向布置，横向布置钢筋同样为 Φ8@140，纵向（房间短向）钢筋在下，横向（房间长向）钢筋在上。

对于上部钢筋，可知图纸中的上部钢筋弯钩向下或向右，与墙相交处有上部构造钢筋，轴线 1 处沿房间纵向设置 Φ8@140（未说明，根据图纸说明配置），伸出墙外1020 mm；轴线 2 处沿房间纵向设置 Φ12@200，伸出墙外 1210 mm；轴线 B 处沿房间横向设置 Φ8@140，伸出墙外 1020 mm；轴线 C 处沿房间横向设置 Φ12@200，伸出墙外 1080 mm。上部钢筋做直钩，顶在板底。

图 3-37  现浇板平法施工图

图3-38 标准层顶板平法施工图

# 第三节　板构件钢筋算量

## 一、板上部贯通纵筋计算

**1. 板上部贯通纵筋的配筋特点**

(1)板上部贯通纵筋横跨一个整跨或几个整跨。

(2)板上部贯通纵筋两端伸至支座梁(墙)外侧纵筋的内侧,再弯直钩 $15d$;当直锚长度 $\geqslant l_a$ 时可不弯折。

**2. 端支座为梁时上部贯通纵筋的计算**

(1)计算板上部贯通纵筋的长度。

板上部贯通纵筋两端伸至梁外侧角筋的内侧,再弯直钩 $15d$;当直锚长度 $\geqslant l_a$ 时可不弯折。具体的计算方法是:

①先计算直锚长度。

直锚长度＝梁截面宽度－保护层厚度－梁角筋直径。

②若直锚长度不小于 $l_a$ 则不弯折;否则弯直钩 $15d$。

以单块板上部贯通纵筋的计算为例:

板上部贯通纵筋的直段长度＝净跨长度＋两端直锚长度。

(2)计算板上部贯通纵筋的根数。

按照 16G101－1 图集的规定,第一根贯通纵筋在距梁边为 1/2 板筋间距处开始设置。这样,板上部贯通纵筋的布筋范围就是净跨长度。在这个范围内除以钢筋的间距,所得到的间隔个数就是钢筋的根数。

**3. 端支座为剪力墙时板上部贯通筋的计算**

(1)计算板上部贯通纵筋的长度。

板上部贯通纵筋两端伸至剪力墙外侧水平分布筋的内侧,弯锚长度为 $l_a$。具体的计算方法是:

①先计算直锚长度。

$$直锚长度＝墙厚度－保护层厚度－墙身水平分布筋直径$$

②再计算弯钩长度。

$$弯钩长度＝l_a－直锚长度$$

以单块板上部贯通纵筋的计算为例:

$$板上部贯通纵筋的直段长度＝净跨长度＋两端的直锚长度$$

(2)计算板上部贯通纵筋的根数。

按照16G101-1图集的规定，第一根贯通纵筋在距墙边为1/2板筋间距处开始设置。这样，板上部贯通纵筋的布筋范围等于净跨长度。在这个范围内除以钢筋的间距，所得到的间隔个数就是钢筋的根数。

**例题** 板LB1的集中标注为：LB1　$h=100$；B：X&Y $\Phi$ 8@150；T：X&Y $\Phi$ 8@150。
这块板LB1的尺寸为7000 mm×6800 mm，X方向的梁宽度为300 mm，Y方向的梁宽度为250 mm，均为正中轴线。X方向的KL1上部纵筋直径为25 mm，Y方向的KL2上部纵筋直径为20 mm。混凝土强度等级C25，二级抗震等级。试计算板上部贯通纵筋。

**【解】**　(1)LB1板X方向上部贯通纵筋的计算。

支座直锚长度＝梁宽－保护层厚度－梁角筋直径

$$=(250-25-20)mm=205\ mm$$

弯钩长度＝$l_a$－直锚长度

$$=27d-205=(27\times8-205)mm=15\ mm$$

上部贯通纵筋的直段长度＝净跨长度＋两端直锚长度

$$=[(7000-250)+205\times2]mm=7160\ mm$$

梁KL1角筋中心到混凝土内侧的距离＝$(25/2+25)mm=37.5\ mm$

板上部纵筋布筋范围＝净跨长＋$37.5\times2$

$$=[(6800-300)+37.5\times2]mm=6575\ mm$$

X方向的上部贯通纵筋的根数＝(6575/150)根≈44根

(2)LB1板Y方向上部贯通纵筋的计算。

支座直锚长度＝梁宽－保护层－梁角筋直径

$$=(300-25-25)mm=250\ mm>27d=216\ mm$$

因此，上部贯通纵筋在支座的直锚长度就取定为216 mm，不设弯钩。

上部贯通纵筋的直段长度＝净跨长度＋两端直锚长度

$$=[(6800-300)+216\times2]mm=6932\ mm$$

梁KL2角筋中心到混凝土内侧的距离＝$(20/2+25)mm=35\ mm$

板上部贯通纵筋的布筋范围＝净跨长度＋$35\times2$

$$=[(7000-250)+35\times2]mm=6820\ mm$$

Y方向的上部贯通纵筋根数＝(6820/150)根≈46根

## 二、板下部贯通纵筋计算

### 1. 板下部贯通纵筋的配筋特点

(1)板下部贯通纵筋横跨一个整跨或几个整跨。

(2)板下部贯通纵筋两端伸至支座梁(墙)的中心线，且直锚长度不小于5$d$。包括下列两种情况之一：

①伸入支座的直锚长度为 $1/2$ 的梁厚（墙厚），此时已经满足直锚长度不小于 $5d$。

②满足直锚长度不小于 $5d$ 的要求，此时直锚长度已经大于 $1/2$ 的梁厚（墙厚）。

**2. 端支座为梁时板下部贯通纵筋的计算**

(1)计算板下部贯通纵筋的长度。

具体的计算方法一般为：

①先选定直锚长度＝梁宽/2。

②验算一下此时选定的直锚长度是否不小于 $5d$。如果满足"直锚长度不小于 $5d$"，则没有问题；如果不满足"直锚长度不小于 $5d$"，则取定 $5d$ 为直锚长度。

以单块板下部贯通纵筋的计算为例：

$$板下部贯通纵筋的直段长度＝净跨长度＋两端的直锚长度$$

(2)计算板下部贯通纵筋的根数。

计算方法和前面介绍的板上部贯通纵筋根数算法是一致的。

> **例题**
>
> 板 LB1 的集中标注为：LB1　$h=100$；B：X&Y $\Phi$8@150；T：X&Y $\Phi$8@150。这块板 LB1 的尺寸为 7000 mm×6800 mm，X 方向的梁宽为 300 mm，Y 方向的梁宽为 250 mm，均为正中轴线。X 方向的 KL1 上部纵筋直径为 25 mm，Y 方向的 KL2 上部纵筋直径为 20 mm。混凝土强度等级 C25，二级抗震等级。求板的下部贯通纵筋。

**【解】** (1)LB1 板 X 方向的下部贯通纵筋的计算。

支座直锚长度＝梁宽/2

$$=(250/2)mm=125\ mm>5d=(5×8)mm=40\ mm$$

梁 KL1 角筋中心到混凝土内侧的距离＝$(25/2+25)mm=37.5\ mm$

板下部纵筋布筋范围＝净跨长＋37.5×2

$$=[(6800-300)+37.5×2]mm=6575\ mm$$

X 方向的下部贯通纵筋的根数＝$(6575/150)$根≈44 根

(2)LB1 板 Y 方向的下部贯通纵筋的计算。

直锚长度＝梁宽/2

$$=(300/2)mm=150\ mm>5d=(5×8)mm=40\ mm$$

下部贯通纵筋的直线段长度＝净跨长＋两端直锚长度

$$=[(6800-300)+150×2]mm=6800\ mm$$

梁 KL2 角筋中心到混凝土内侧的距离＝$(20/2+25)mm=35\ mm$

板下部贯通纵筋的布筋范围＝净跨长度＋35×2

$$=[(7000-250)+35×2]mm=6820\ mm$$

Y方向的下部贯通纵筋根数＝(6820/150)根≈46根

### 三、延伸悬挑板钢筋计算

**1. 延伸悬挑板的纵向受力钢筋**

(1)纵向受力钢筋的尺寸计算。

上翻边钢筋的垂直段长度＝上翻高度标注值＋板端厚度－2×保护层厚度

上端水平段长度 $b_1$＝翻边宽度－2×保护层厚度

下端水平段长度 $b_2＝l_a$－(悬挑板端部厚度－保护层厚度)

(2)纵向受力钢筋的根数计算。

对于悬挑板来说,它的第一根纵筋距板边缘一个保护层厚度开始设置。

**2. 延伸悬挑板的横向钢筋**

(1)横向钢筋的尺寸计算。

横向钢筋的长度＝悬挑板宽度－2×保护层厚度

(2)横向钢筋的根数计算。

在计算横向钢筋的根数时,把跨内部分与悬挑部分水平段长度的横向钢筋分别进行计算。

对于"跨内部分",它的第一根纵筋距梁边半个板筋间距开始设置。另外,在扣筋的拐角处要布置一根钢筋。

对于"悬挑水平段部分",它的第一根纵筋也是距梁边半个板筋间距开始设置。在扣筋拐角处布置一根钢筋,另外,在上翻钢筋与水平段的交叉点上要布置一根钢筋。此外,还要对"上翻边部分"的钢筋根数进行计算。

> **例题** 某一延伸悬挑板上的集中标注为:YXB1 $h$＝150/100 T:X$\Phi$8@150,如图3-39所示。试对悬挑板钢筋进行计算。

**图3-39 延伸悬挑板平法标注**

【解】 从图3-39中我们可以得出如下信息:

在这根非贯通纵筋的上方注写为①$\Phi$10@100,跨内下方注写延伸长度为 2500 mm,延伸悬挑板的端部翻边 FB1 为上翻边,翻边尺寸标注为 60×300(表示该翻边的宽度为 60 mm,高度为 300 mm),这块延伸悬挑板的宽度为 7200 mm,悬挑净长度为 1000 mm,支座梁宽度为 300 mm。

(1)延伸悬挑板的纵向受力钢筋。

①纵向受力钢筋的尺寸计算。

这根钢筋的水平长度 $L$ 由三部分构成:跨内延伸长度标注值为 2500 mm,算至支座梁的中心线;悬挑的净长度 1000 mm(需要扣减一个保护层厚度);这两段长度之间还有半个梁的宽度。

所以,

钢筋的水平长度 $L=[2500+(1000-15)+300/2]$mm=3635 mm

这根延伸悬挑板纵筋相当于一根扣筋,则,

跨内部分的腿长 $h=$ 板厚$-15$ mm

悬挑端部的腿长 $h_1=$ 板厚$_1-15$ mm

所以,可得:

跨内部分的扣筋腿长度 $h=(150-15)$mm=135 mm

悬挑部分的扣筋腿长度 $h_1=(100-15)$mm=85 mm

②翻边钢筋的尺寸计算。

上翻边钢筋的垂直段长度 $h_2=$ 上翻高度标注值$+$板端厚度$-2×$保护层厚度

$$=(300+100-2×15)\text{mm}=370\text{ mm}$$

翻边上端水平段长度 $b_1=$ 翻边宽度$-2×$保护层厚度

$$=(60-2×15)\text{mm}=30\text{ mm}$$

翻边下端水平段长度 $b_2=l_a-($悬挑板端部厚度$-$保护层厚度$)$

$$=l_a-(100-15)\text{mm}=(30×12-85)\text{mm}=275\text{ mm}$$

上翻边钢筋的每根长度$=h_2+b_1+b_2$

$$=(370+30+275)\text{mm}=675\text{ mm}$$

③纵向受力钢筋的根数计算。

纵向受力钢筋的根数$=[(7200+60-15×2)/100+1]$根≈74 根

(2)延伸悬挑板的横向钢筋。

①横向钢筋的尺寸计算。

横向钢筋的长度$=$悬挑板宽度$-2×$保护层厚度

$$=(7200-2×15)\text{mm}=7170\text{ mm}$$

②横向钢筋的根数计算。

跨内部分钢筋根数$=[(2500-300/2-150/2)/150+1]$根≈17 根

悬挑水平段部分钢筋根数＝[(1000－150/2－15)/150＋2]≈8 根

上翻边部分的上端和中部钢筋根数是 2 根。

所以，横向钢筋的根数＝跨内部分钢筋根数＋悬挑水平段部分钢筋根数＋上翻边部分的

上端和中部钢筋根数

＝(17＋8＋2)根＝27 根

## 四、纯悬挑板钢筋计算

### 1. 纯悬挑板上部钢筋计算

（1）上部受力钢筋长度。

①当为直锚情况时：

上部受力钢筋长度＝悬挑板净跨＋max{锚固长度 $l_a$, 250}＋(h－保护层厚度×2)＋弯钩

②当为弯锚情况时：

上部受力钢筋长度＝悬挑板净跨＋(支座宽－保护层厚度＋15d)＋($h_1$－保护层厚度×2)＋

15d＋弯钩

注：上面的计算，当为二级钢筋时，均不加弯钩。

（2）上部受力钢筋根数。

纯悬挑板上部受力钢筋根数＝(悬挑板长度 l－保护层厚度×2)/上部受力钢筋间距＋1

（3）上部分布筋长度。

纯悬挑板上部分布筋长度＝(悬挑板长度 l－保护层厚度×2)＋弯钩×2

（4）上部分布筋根数。

纯悬挑板上部分布筋根数＝(悬挑板净跨－保护层厚度)/分布筋间距

### 2. 纯悬挑板下部钢筋计算

（1）下部构造钢筋长度。

纯悬挑板下部构造钢筋长度＝(悬挑板净跨－保护层厚度)＋max{支座宽/2, 12d}＋

弯钩×2(二级钢筋不加)

（2）下部构造钢筋根数。

纯悬挑板下部构造钢筋根数＝(悬挑板长度 l－保护层厚度×2)/下部构造钢筋间距＋1

（3）下部分布筋长度。

纯悬挑板下部分布筋长度＝(悬挑板长度 l－保护层厚度×2)＋弯钩×2

（4）下部分布筋根数。

纯悬挑板下部分布筋根数＝(悬挑板净跨－保护层厚度)/分布筋间距

弯钩长度＝6.25d

某一纯悬挑板平面图和下部钢筋剖面图如图 3-40、图 3-41 所示。悬挑板净宽为 1400 mm,下部构造钢筋间距为 200 mm,保护层厚度为 15 mm,混凝土强度等级为 C30,非抗震等级。试计算悬挑板下部的钢筋量。

图 3-40　纯悬挑板平面图

图 3-41　纯悬挑板下部钢筋剖面图

【解】　(1)下部构造钢筋长度。

弯钩长度 $=6.25d$

下部构造钢筋长度 $=$ (悬挑板净跨－保护层厚度)＋max｛支座宽/2,12$d$｝＋弯钩×2(二级钢筋不加)

$=[(1400-15)+\max\{300/2,12\times10\}+6.25\times10\times2]\text{mm}=1660 \text{ mm}$

(2)下部构造钢筋根数。

下部构造钢筋根数 $=$ [悬挑板长度 $l$－保护层厚度×2－(1/2)×10×2]/下部构造钢筋间距＋1

$=[6750-15\times2-(1/2)\times10\times2)/200+1]$根 $\approx35$ 根

(3)下部分布筋长度。

纯悬挑板下部分布筋长度 $=$ (悬挑板长度 $l$－保护层厚度×2)＋弯钩×2

$=[(6750-15\times2)+6.25\times10\times2]\text{mm}=6845 \text{ mm}$

(4)下部分布筋根数。

纯悬挑板下部分布筋根数 $=$ (悬挑板净跨－50)/分布筋间距＋1

$=[(1400-50)/250+1]$根 $\approx7$ 根

# 第四章 柱构件平法识图与钢筋算量

## 第一节 柱构件平法施工图识图规则

### 一、列表注写方式

柱的列表注写方式是指在柱平面布置图上,分别在每一编号的柱中选择一个(有时几个)截面标注几何参数代号,在柱表中注写柱号、柱段起止标高、几何尺寸(含柱截面对轴线的偏心情况)与配筋具体数值,并配以各种柱断面形状及其箍筋类型图说明的方式。

柱的列表注写方式内容包括:

(1)柱的编号。柱的编号具体见表4-1。

**表 4-1 柱的编号**

| 柱类型 | 代号 | 序号 |
|--------|------|------|
| 框架柱 | KZ | ×× |
| 框支柱 | KZZ | ×× |
| 转换柱 | ZHZ | ×× |
| 芯柱 | XZ | ×× |
| 梁上柱 | LZ | ×× |
| 剪力墙上柱 | QZ | ×× |

注:编号时,柱的总高、分段截面尺寸和配筋均对应相同,仅截面与轴线非关系不同时,仍可将其编号为同一柱号,但应在图中注明截面与轴线的关系。

(2)各段柱的起止标高。注写各段柱的起止标高,自柱根部往上,以变截面位置或截面未变但配筋改变处为界分段注写。

①框架柱和框支柱的根部标高是指基础顶面标高。

②芯柱的根部标高是指根据结构实际需要而定的起始位置标高。

③梁上柱的根部标高是指梁顶面标高。

④剪力墙上柱的根部标高为墙顶面标高。

(3)对于矩形柱,注写柱截面尺寸 $b \times h$ 及与轴线关系的几何参数代号 $b_1$、$b_2$ 和 $h_1$、$h_2$ 的具体数值,需对应于各段柱分别注写。其中 $b=b_1+b_2$,$h=h_1+h_2$。当截面的某一边收缩变化至与轴线重合或偏到轴线的另一侧时，$b_1$、$b_2$、$h_1$、$h_2$中的某项为零或为负值。

对于圆柱，表中 $b×h$ 一栏改用在圆柱直径数字前加 $d$ 表示。为表达简单，圆柱截面与轴线的关系也用 $b_1$、$b_2$ 和 $h_1$、$h_2$ 表示，并使 $d=b_1+b_2=h_1+h_2$。

对于芯柱，根据结构需要，可以在某些框架柱的一定高度范围内，在其内部的中心位置设置（分别引注其柱编号）。芯柱中心应与柱中心重合，并标注其截面尺寸，按 16G101－1 图集中的标准构造详图施工；当设计者采用与构造详图不同的做法时，应另行注明。芯柱定位随框架柱，不需要注写其与轴线的几何关系。

（4）注写柱纵筋。当柱纵筋直径相同，各边根数也相同时（包括矩形柱、圆柱和芯柱），将纵筋注写在"全部纵筋"一栏中；除此之外，柱纵筋分角筋、截面 $b$ 边中部筋和 $h$ 边中部筋三项分别注写（对于采用对称配筋的矩形截面柱，可仅注写一侧中部筋，对称边省略不注；对于采用非对称配筋的矩形截面柱，必须每侧注写中部筋）。

（5）注写箍筋类型及箍筋肢数，在箍筋类型栏内注写。

（6）注写柱箍筋，包括钢筋级别、直径与间距。

用"/"区分柱端箍筋加密区与柱身非加密区长度范围内箍筋的不同间距。

施工人员需根据标准构造详图的规定，在规定的几种长度值中取其最大者作为加密区长度。

当框架节点核心区内箍筋与柱端箍筋设置不同时，应在括号中注明核心区箍筋直径及间距。

当箍筋沿柱全高为同一间距时，则不使用"/"线。当圆柱采用螺旋箍筋时，需在箍筋前加"L"

柱平法施工图的列表注写方式示例如图 4-1 所示。

## 二、截面注写方式

柱的截面注写方式是指在柱的平面布置图的柱截面上，分别在同一编号的柱中选择一个截面，直接在截面上注写截面尺寸和配筋的具体数值。

柱的截面注写方式，应包括以下内容：

（1）柱的编号。柱编号由柱的类型、代号和序号等组成，具体见表 4-1。

（2）柱截面尺寸 $b×h$。

（3）柱相对定位轴线的位置关系，即柱定位尺寸。在截面注写方式中，对每个柱与定位轴线的相对关系，不论柱的中心是否经过定位轴线，都要给予明确的尺寸标注，相同编号的柱如果只有一种放置方式，则可只标注一个。

（4）柱的配筋，包括纵向受力钢筋和箍筋。

在柱的截面注写方式中，如柱的分段截面尺寸和配筋均相同，仅截面与轴线的关系不同时，可将其编为同一柱号。但此时应在未画配筋的柱截面上注写该柱截面与轴线的具体尺寸。

采用截面注写方式绘制柱的平法施工图时，可按单根柱标准层分别绘制，也可将多个标准层合并绘制。当单根柱标准层分别绘制时，柱平法施工图的图纸数量和柱标准层的数量相同；当将多个标准层合并绘制时，柱平法施工图的图纸数量更少，也更便于施工人员对结构形成整体概念。

柱平法施工图的截面注写方式的示例如图 4-2 所示。

图4-1 柱平法施工图的列表注写方式示例（一）

-4.530~59.070柱平法施工图（局部）

柱表

单位：mm

| 柱号 | 标高 | $b \times h$（圆柱直径$D$) | $b_1$ | $b_2$ | $h_1$ | $h_2$ | 全部纵筋 | 角筋 | $b$边一侧中部筋 | $h$边一侧中部筋 | 箍筋类型号 | 箍筋 | 备注 |
|------|------|------|------|------|------|------|------|------|------|------|------|------|------|
| KZ1 | -4.530~-0.030 | 750×700 | 375 | 375 | 150 | 550 | 28⊈25 | | | | 1(6×6) | Φ10@100/200 | |
| | -0.030~19.470 | 650×600 | 325 | 325 | 150 | 450 | | 4⊈22 | 5⊈22 | 4⊈20 | 1(5×4) | Φ10@100/200 | |
| | 19.470~37.470 | 550×500 | 275 | 275 | 150 | 350 | | 4⊈22 | 5⊈22 | 4⊈20 | 1(4×4) | Φ10@100/200 | |
| | 37.470~59.070 | | | | | | 24⊈25 | | | | | Φ10@100/200 | ③×④轴KZ1中设置 |
| XZ1 | -4.530~8.670 | | | | | | 8⊈25 | | | | 按标准构造详图 | Φ10@200 | — |

| 结构层楼面标高 结构层高 | | |
|------|------|------|
| 屋面2 | 65.570 | 3.30 |
| 塔层2 | 62.370 | 3.30 |
| 屋面1（塔层1) | 59.070 | 3.60 |
| 16 | 55.470 | 3.60 |
| 15 | 51.870 | 3.60 |
| 14 | 48.270 | 3.60 |
| 13 | 44.670 | 3.60 |
| 12 | 41.070 | 3.60 |
| 11 | 37.470 | 3.60 |
| 10 | 33.870 | 3.60 |
| 9 | 30.270 | 3.60 |
| 8 | 26.670 | 3.60 |
| 7 | 23.070 | 3.60 |
| 6 | 19.470 | 3.60 |
| 5 | 15.870 | 3.60 |
| 4 | 12.270 | 3.60 |
| 3 | 8.670 | 4.20 |
| 2 | 4.470 | 4.50 |
| 1 | -0.030 | 4.50 |
| -1 | -4.530 | 4.50 |
| -2 | -9.030 | |
| 层号 | 标高(m) | 层高(m) |

上部结构嵌固部位：
-4.530

图 4-2　柱平法施工图的截面注写方式示例(二)

◆ **第二节　柱构件平法识图** ◆

## 一、柱构件平法施工图的内容

柱构件平法施工图主要包括以下内容：

(1)图名和比例。柱平法施工图的比例应与建筑平面图相同。

(2)定位轴线及其编号、间距尺寸。

(3)柱的编号、平面布置及其与轴线的几何关系。

(4)每一种编号柱的标高、截面尺寸、纵筋和箍筋的配置情况。

(5)必要的设计说明(包括对混凝土等材料性能的要求)。

## 二、柱构件平法识图步骤

柱构件平法识图的步骤如下：

(1)查看图名、比例。

(2)校核轴线编号及其间距尺寸,要求必须与建筑图、基础平面图保持一致。

(3)与建筑图配合,明确各柱的编号、数量及位置。

(4)阅读结构设计总说明或有关说明,明确柱的混凝土强度等级。

(5)根据各柱的编号,查阅图中截面标注或柱表,明确柱的标高、截面尺寸和配筋情况。再根据抗震等级、设计要求和标准构造详图确定纵向钢筋和箍筋的构造要求,如纵向钢筋连接的方式、位置和搭接长度、弯折要求、柱头锚固要求、箍筋加密的范围。

## 三、柱构件相关构造识图

**1. 框架柱 KZ 纵向钢筋构造**

框架柱 KZ 纵向钢筋构造如图 4-3 所示。

**2. 地下室框架柱纵向钢筋构造**

地下室框架柱纵向钢筋构造如图 4-4 所示。

**3. 框架柱柱顶纵向钢筋构造**

(1)框架柱边柱和角柱柱顶纵向钢筋构造如图 4-5 所示。

(2)框架柱中柱柱顶纵向钢筋构造如图 4-6 所示。

**4. 框架柱变截面位置纵向钢筋构造**

框架柱变截面位置纵向钢筋构造如图 4-7 所示。

**图 4-3 框架柱纵向钢筋连接构造**

(a)绑扎搭接;(b)机械连接;(c)焊接

$h_c$—柱截面长边尺寸(圆柱为截面直径);$H_n$—为所在楼层的柱净高

**图 4-4　地下室框架柱 KZ 纵向钢筋连接构造**

（a）绑扎搭接；（b）机械连接；（c）焊接

$h_c$—柱截面长边尺寸（圆柱为截面直径）；$H_n$—为所在楼层的柱净高

**图 4-5　框架柱边柱和角柱柱顶纵向钢筋构造**

续图 4-5

(a)节点①(柱筋作为梁上部钢筋使用);(b)节点②(从梁底算起 $1.5l_{abE}$ 超过柱内侧边缘);

(c)节点③(从梁底算起 $1.5l_{abE}$ 未超过柱内侧边缘);(d)节点④(当现浇板厚度不小于

100 mm 时,也可按节点②方式伸入板内锚固,且伸入板内长度不宜小于 $15d$);

(e)节点⑤(梁、柱纵向钢筋搭接接头沿节点外侧直线布置)

注:1. 节点①、②、③、④应配合使用,节点④不应单独使用(仅用于未伸入梁内的柱外侧纵筋锚固),深入梁内的柱外侧纵筋不宜少于柱外侧全部纵筋面积的 65%。可选择②+④或③+④或①+②+④或①+③+④的做法。

2. 节点⑤用于梁、柱纵向钢筋接头沿节点柱顶外侧直线布置的情况,可与节点①组合使用。

图 4-6 框架柱中柱柱顶纵向钢筋构造

(a)节点①;(b)节点②(当柱顶有不小于 100 mm 厚的现浇板);(c)节点③(柱纵向钢筋端头加锚头或锚板);

(d)节点④(当直锚长度不小于 $l_{aE}$ 时)

图 4-7 框架柱变截面位置纵向钢筋构造

(a)构造(一)($\triangle/h_b > 1/6$);(b)构造(二)($\triangle/h_b \leq 1/6$);(c)构造(三)($\triangle/h_b > 1/6$);(d)构造(四)($\triangle/h_b \leq 1/6$);(e)外侧错台

注:$\triangle$—上、下柱同向侧面错台的宽度;$h_b$—框架梁的截面高度。

## 四、柱构件平法识图实例

**例题1**　某办公楼柱的平法施工图如图4-8所示。

从柱平法施工图中，我们可知该办公楼框架柱共有两种，即KZ1和KZ2，并且KZ1和KZ2的纵筋相同，箍筋不同。

图4-8(a)中的纵筋均分为三段，第一段从基础顶到到标高为－0.050 m，纵筋为12Φ20；第二段为标高－0.050 m到3.550 m，即第一层的框架柱，纵筋为角筋4Φ20，每边中部2Φ18；第三段为标高3.550 m到10.800 m，即2、3层框架柱，纵筋为12Φ18。

图4-8(a)中箍筋不同，KZ1箍筋为：标高3.550 m以下为Φ10@100，标高3.550 m以上为Φ8@100。KZ2箍筋为：标高3.550 m以下为Φ10@100/200，标高3.550 m以上为Φ8@100/200。它们的箍筋形式均为类型1，箍筋肢数为4×4。

图4-8(b)采用截面注写方式柱配筋图，表示的是从标高－0.050 m到3.550 m的框架柱配筋图，即1层的柱配筋图。图4-8(b)中共有两种框架柱，即KZ1和KZ2，它们的断面尺寸相同，均为400 mm×400 mm，它们与定位轴线的关系均为轴线居中。

图4-8(b)中框架柱的纵筋相同，角筋均为4Φ20，每边中部钢筋均为2Φ18，KZ1箍筋为Φ8@100，KZ2箍筋为Φ8@100/200。

**例题2**　某住宅楼柱的平法施工图如图4-9所示。

从柱平法施工图中可知，该平法施工图中的柱包含框架柱和框支柱，共有4种编号，其中框架柱1种，框支柱3种。7根KZ1，位于Ⓐ轴线上；34根KZZ1分别位于Ⓒ、Ⓔ和Ⓖ轴线上；2根KZZ2位于Ⓓ轴线上；13根KZZ3位于Ⓑ轴线上。

KZ1：框架柱，截面尺寸为400 mm×400 mm，纵向受力钢筋为8根直径为16mm的HRB335级钢筋；箍筋直径为8 mm的HPB300级钢筋，加密区间距为100 mm，非加密区间距为150 mm。箍筋加密区长度：基础顶面以上底层柱根加密区长度不小于底层净高的1/3；其他柱端加密区长度应取柱截面长边尺寸、柱净高的1/6和500mm中的最大值；刚性地面上、下各500 mm的高度范围内箍筋加密。

KZZ1：框支柱，截面尺寸为600 mm×600 mm，纵向受力钢筋为12根直径为25 mm的HRB335级钢筋；箍筋直径为12 mm的HRB335级钢筋，间距100 mm，全长加密。

KZZ2：框支柱，截面尺寸为600 mm×600 mm，纵向受力钢筋为16根直径为25 mm的HRB335级钢筋；箍筋直径为12 mm的HRB335级钢筋，间距100 mm，全长加密。

KZZ3：框支柱，截面尺寸为600 mm×500 mm，纵向受力钢筋为12根直径为22 mm的HRB335级钢筋；箍筋直径为12 mm的HRB335级钢筋，间距100 mm，全长加密。

图 4-8　柱平法施工图

(a)

$$\underline{-0.050 \sim 3.550柱配筋图}$$

续图 4-8

（a）列表注写方式；（b）截面注写方式

| 柱号 | 标高/m | b×h(圆柱直径D)/mm | $b_1$/mm | $b_2$/mm | $h_1$/mm | $h_2$/mm | 全部纵筋 | 角筋 | b边一侧中部筋 | h边一侧中部筋 | 箍筋类型号 | 箍筋 | 备注 |
|---|---|---|---|---|---|---|---|---|---|---|---|---|---|
| KZ1 | -0.030~19.470 | 750×700 | 375 | 375 | 150 | 550 | 24Φ25 | | | | 1(5×4) | φ10@100/200 | |
| | 19.470~37.470 | 650×600 | 325 | 325 | 150 | 450 | | 4Φ22 | 5Φ22 | 4Φ20 | 1(4×4) | φ10@100/200 | |
| | 34.470~59.070 | 550×500 | 275 | 275 | 150 | 350 | | 4Φ22 | 5Φ22 | 4Φ20 | 1(4×4) | φ8@100/200 | |
| XZ1 | -0.030~8.670 | | | | | | 8Φ25 | 按16G101图集的标准构造详图 | | | | φ10@200 | ③×Ⓑ轴KZ1中设置 |

(a)

**图 4-9 住宅楼柱平法施工图**

| 层号 | 标高(m) | 层高(m) |
|---|---|---|
| 屋面 | 59.070 | — |
| 16 | 55.470 | 3.60 |
| 15 | 51.870 | 3.60 |
| 14 | 48.270 | 3.60 |
| 13 | 44.670 | 3.60 |
| 12 | 41.070 | 3.60 |
| 11 | 37.470 | 3.60 |
| 10 | 33.870 | 3.60 |
| 9 | 30.270 | 3.60 |
| 8 | 26.670 | 3.60 |
| 7 | 23.070 | 3.60 |
| 6 | 19.470 | 3.60 |
| 5 | 15.870 | 3.60 |
| 4 | 12.270 | 3.60 |
| 3 | 8.670 | 3.60 |
| 2 | 4.470 | 4.20 |
| 1 | -0.030 | 4.50 |
| -1 | -4.530 | 4.50 |
| -2 | -9.030 | 4.50 |

结构层楼面标高
结构层高

续图 4-9（一）

(b)

续图 4-9(二)

# 第三节　柱构件钢筋算量

## 一、柱纵筋计算

### 1. 顶层中柱纵筋

中柱顶部四面均有梁,其纵向钢筋直接锚入顶层梁内或板内,锚入方式存在下面两种情况。

(1)当直锚长度小于 $l_{aE}$ 时:

顶层中柱纵筋长度＝顶层层高－顶层非连接区长度－梁高＋(梁高－保护层厚度)＋12d

(2)当直锚长度不小于 $l_{aE}$ 时:

顶层中柱纵筋长度＝顶层层高－顶层非连接区长度－梁高＋(梁高－保护层厚度)

### 2. 顶层边柱纵筋

(1)当顶层梁宽小于柱宽,又没有现浇板时,边柱外侧纵筋只有 65％ 锚入梁内,如图 4-10 所示。

图 4-10　顶层纵筋计算图(65％锚入梁内)

边柱外侧纵筋根数的 65％为 1 号钢筋,外侧纵筋根数 35％为 2 号或 3 号钢筋(当外侧钢筋太密需要出现第二层用 3 号钢筋),其余为 4 号钢筋或 5 号钢筋(当直锚长度不小于 $l_{aE}$ 时为 5 号钢筋)。

①1 号纵筋长度计算。

从梁底算起 $1.5l_{abE}$ 超过柱内侧边缘时,

纵筋长度＝顶层层高－顶层连接区－梁高＋$1.5l_{abE}$

从梁底算起 $1.5l_{abE}$ 未超过柱内侧边缘时,

纵筋长度＝顶层层高－顶层非连接区－梁高＋max｛$1.5l_{abE}$,梁高－保护层厚度＋$15d$｝

②2 号纵筋长度计算。

纵筋长度＝顶层层高－顶层非连接区－梁高＋(梁高－保护层厚度)＋

(与弯折平行的柱宽－2×保护层厚度)＋$8d$

③3 号纵筋长度计算。

纵筋长度＝顶层层高－顶层非连接区－梁高＋(梁高－保护层厚度)＋

(与弯折平行的柱宽－2×保护层厚度)

④4 号纵筋长度计算。

纵筋长度＝顶层层高－顶层非连接区－梁高＋(梁高－保护层厚度)＋$12d$

⑤5 号纵筋长度计算。

纵筋长度＝顶层层高－顶层非连接区－梁高＋锚固长度 $l_{aE}$

(2)当柱外侧纵向钢筋配率大于 1.2％时,边柱外侧纵筋分两批锚入梁内,50％根数锚入长度为 $1.5l_{aE}$,50％根数锚入长度为 $1.5l_{aE}＋20d$,如图 4-11 所示。

图 4-11 顶层主筋计算图(柱外侧纵向钢筋配筋率大于 1.2%)

1 号纵筋长度(外侧根数一半)＝顶层层高－顶层非连接区－梁高＋$1.5l_{abE}$

4 号纵筋长度＝顶层层高－顶层非连接区－梁高＋(梁高－保护层厚度)＋12$d$

**3. 顶层角柱纵筋**

角柱两面有梁,顶层角柱纵筋的计算方法和边柱一样,只是侧面是两个面,外侧纵筋总根数为两个外侧总根数之和。

顶层的层高为 3.20 m,抗震框架柱 KZ1 的截面尺寸为 550 mm×500 mm,柱纵筋为 22$\Phi$20,顶层顶板的框架梁截面尺寸为 300 mm×700 mm,混凝土强度等级为 C30,二级抗震等级,试计算顶层框架柱纵筋尺寸。

【解】 (1)顶层框架柱纵筋伸到框架梁顶部弯折 12$d$。

顶层的柱纵筋净长度 $H_n$＝(3200－700)mm＝2500 mm

根据地下室的计算,$H_2$＝750 mm

①与短筋相接的柱纵筋。

垂直段长度 $H_a$＝(3200－30－750)mm＝2420 mm

每根钢筋长度＝$H_a$＋12$d$

$\qquad$＝(2420＋12×20)mm＝2660 mm

②与长筋相接的柱纵筋。

垂直段长度 $H_b$＝(3200－30－750－35×25)mm＝1545 mm

每根钢筋长度＝$H_b$＋12$d$

$\qquad$＝(1545＋12×20)mm＝1785 mm

(2)框架柱外侧纵筋从顶层框架梁的底面算起,锚入顶层框架梁 1.5$l_{abE}$。

首先,计算框架柱外侧纵筋伸入框架梁之后弯钩的水平段长度 $l$:

柱纵筋伸入框架梁的垂直段长度＝(700－30)mm＝670 mm

所以 $l$＝1.5$l_{abE}$－670

$\qquad$＝(1.5×40×20－670)mm＝530 mm

①与短筋相接的柱纵筋。

垂直段长度 $H_a$＝(3200－30－750)mm＝2420 mm

加上弯钩水平段 $l$ 的每根钢筋长度＝$H_a$＋$l$

$\qquad$＝(2420＋530)mm＝2950 mm

②与长筋相接的柱纵筋。

垂直段长度 $H_b$＝(3200－30－750－35×25)mm＝1545 mm

加上弯钩水平段 $l$ 的每根钢筋长度＝$H_b$＋$l$

$\qquad$＝(1545＋530)mm＝2075 mm

### 4. 地下室柱纵筋

地下室的柱纵筋的计算长度：下端与伸出基础（梁）顶面的柱插筋相接，上端伸出地下室顶板以上一个"三选一"的长度，即 $\max\{H_n/6, h_c, 500\text{ mm}\}$。

这样，地下室的柱纵筋的长度包括以下两个组成部分：

（1）地下室板顶以上部分的长度。

$$\text{长度} = \max\{H_n/6, h_c, 500\text{ mm}\}$$

注：这里的 $H_n$ 是地下室以上的那个楼层（例如"一层"）的柱净高。$h_c$ 也是地下室以上的那个楼层（例如"一层"）的柱截面长边尺寸。

（2）地下室顶板以下部分的长度。

$$\text{长度} = \text{柱净高}\ H_n + \text{地下室顶板的框架梁截面高度} - H_n/3$$

注：上式的 $H_n$ 是地下室的柱净高，$H_n/3$ 就是框架柱基础插筋伸出基础梁顶面以上的长度。

地下室的柱纵筋可以采用统一的长度。这个"统一的长度"与基础插筋伸出基础梁顶面的"长短筋"相接，伸到地下室顶板之上时，柱纵筋继续形成"长短筋"的两种长度。

**例题** 某一地下室层高为 4.50 m，地下室的抗震框架柱 KZ1 的截面尺寸为 750 mm×700 mm，柱纵筋为 22 Φ25。地下室顶板的框架梁截面尺寸为 300 mm×700 mm。地下室上一层的层高为 4.50 m，地下室上一层的框架梁截面尺寸为 300 mm×700 mm，混凝土强度等级为 C30，二级抗震等级。地下室下面是正筏板基础，基础主梁的截面尺寸为 700 mm×900 mm，下部纵筋为 9 Φ25。筏板的厚度为 560 mm，筏板的纵向钢筋都是 Φ18@200，如图 4-12 所示。试计算地下室的柱纵筋长度。

**图 4-12　地下室层高示意**

【解】　（1）地下室顶板以上部分的长度。

上一层楼的柱净高 $H_n = (4500-500-700) \text{mm} = 3300 \text{ mm}$

$\max\{H_n/6, h_c, 500\} = \max\{3300/6, 750, 500\} \text{mm} = 750 \text{ mm}$

所以，$H_1 = \max\{H_n/6, h_c, 500\}$

$\qquad = 750 \text{ mm}$

(2)地下室顶板以下部分的长度。

地下室的柱净高 $H_n = [4500-700-(900-500)] \text{mm} = 3400 \text{ mm}$

$H_2 = H_n + 700 - H_n/3$

$\quad = (3400+700+1133) \text{mm} = 2967 \text{ mm}$

(3)地下室柱纵筋的长度。

地下室柱纵筋的长度 $= H_1 + H_2$

$\qquad\qquad = (750+2967) \text{mm} = 3717 \text{ mm}$

## 二、柱箍筋计算

### 1. 抗震框架柱箍筋计算

抗震框架柱箍筋根数要分层对钢筋进行计算。首先，判断这个框架柱是不是"短柱"。如果是短柱，则箍筋全高加密。根据 16G101-1 图集中的"柱净高(包括因嵌砌填充墙等形成的柱净高)与柱截面长边尺寸(圆柱为截面直径)的比值 $H_n/h_c \leqslant 4$ 时，箍筋沿柱全高加密"，从而得出短柱的条件：$H_n/h_c \leqslant 4$。

(1)上部加密区。

$$上部加密区的长度 = \max\{H_n/6, h_c, 500 \text{ mm}\} + h_b$$

上部加密区的箍筋根数 $= \{\max(H_n/6, h_c, 500) + h_b\}/$间距(根数有小数则进1)

根据计算出来的箍筋根数重新计算"上部加密区的实际长度"。

$$上部加密区的实际长度 = 上部加密区的箍筋根数 \times 间距$$

式中：$H_n$——柱净高；

$\quad h_c$——框架柱截面长边尺寸；

$\quad h_b$——框架梁高度。

(2)下部加密区。

$$下部加密区的长度 = \max\{H_n/6, h_c, 500 \text{ mm}\}$$

下部加密区的箍筋根数 $= \max\{H_n/6, h_c, 500 \text{ mm}\}/$间距(根数有小数则进1)

根据计算出来的箍筋根数重新计算"下部加密区的实际长度"。

$$下部加密区的实际长度 = 下部加密区的箍筋根数 \times 间距$$

(3)中间非加密区。

按照上下加密区的实际长度来计算非加密区的长度。

非加密区的长度 $=$ 楼层层高 $-$ 上部加密区的实际长度 $-$ 下部加密区的实际长度

非加密区的根数＝（楼层层高－上部加密区的实际长度－下部加密区的实际长度）/间距

（4）本层箍筋根数。

本层箍筋根数＝上部加密区箍筋根数＋下部加密区箍筋根数＋中间非加密区箍筋根数

**例题** 　　一楼层的层高为 4.50 m，抗震框架柱 KZ1 的截面尺寸为 650 mm×600 mm，箍筋标注为Φ10@100/200，该层顶板的框架梁截面尺寸为 300 mm×700 mm。求该楼层的框架柱箍筋根数。

**【解】** （1）短柱的判断。

本层楼的柱净高为 $H_n$＝（4500－700）mm＝3800 mm。

框架柱截面长边尺寸 $h_c$＝650 mm。

$H_n/h_c$＝3800/650 ＝5.8＞4，由此可以判断该框架柱不是"短柱"。

所以加密区长度＝max$\{H_n/6,h_c,500\}$

$$＝max\{3800/6,650,500\}mm＝650 \text{ mm}。$$

（2）上部加密区箍筋根数的计算。

加密区长度＝ max$\{H_n/6,h_c,500 \text{ mm}\}$＋$h_b$

$$＝（650＋700）mm＝1350 \text{ mm}$$

上部加密区的箍筋根数＝$\{max(H_n/6,h_c,500 \text{ mm})＋h_b\}$/间距

$$＝（1350/100）根＝14 \text{ 根}$$

上部加密区实际长度＝上部加密区的箍筋根数×间距

$$＝（14×100）mm＝1400 \text{ mm}$$

（3）下部加密区箍筋根数计算。

加密区长度＝max$\{H_n/6,h_c,500 \text{ mm}\}$

$$＝650 \text{ mm}$$

下部加密区的箍筋根数＝max$\{H_n/6,h_c,500 \text{ mm}\}$/间距

$$＝（650/100）根＝7 \text{ 根}$$

下部加密区的实际长度＝下部加密区的箍筋根数×间距

$$＝（7×100）mm＝700 \text{ mm}$$

（4）中间非加密区箍筋根数计算。

非加密区的长度＝楼层层高－上部加密区的实际长度－下部加密区的实际长度

$$＝（4500－1400－700）mm＝2400 \text{ mm}$$

非加密区的根数＝（楼层层高－上部加密区的实际长度－下部加密区的实际长度）/间距

$$＝（2400/200）根＝12 \text{ 根}$$

（5）本层箍筋根数计算。

本层箍筋根数＝上部加密区箍筋根数＋下部加密区箍筋根数＋中间非加密区箍筋根数

＝(14＋7＋12)根＝33 根

## 2. 框架柱复合箍筋计算

矩形箍筋复合方式如图 4-13 所示。

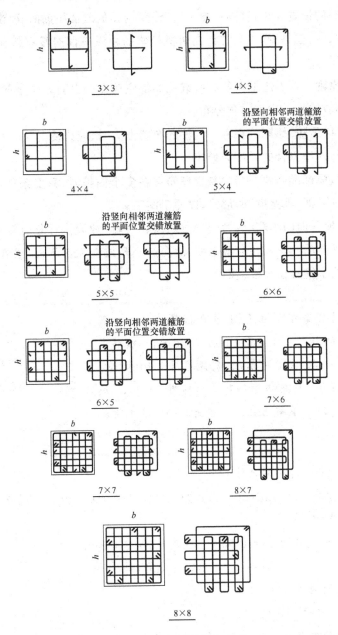

**图 4-13 矩形箍筋复合方式**

根据构造要求，当柱截面短边尺寸大于 400 mm，且各边纵向钢筋多于 3 根时，或当截面短边尺寸不大于 400 mm，但各边纵向钢筋多于 4 根时，应设置复合箍筋。

设置复合箍筋要遵循下列原则。

（1）大箍套小箍。矩形柱的箍筋，都是采用"大箍套小箍"的方式。若为偶数肢数，则用几个两肢"小箍"来组合；若为奇数肢数，则用几个两肢"小箍"再加上一个"拉筋"来组合。

（2）内箍或拉筋的设置要满足"隔一拉一"。设置内箍的肢或拉筋时，要满足对柱纵筋至少"隔一拉一"的要求。这就是说，不允许存在两根相邻的柱纵筋同时没有钩住箍筋的肢或拉筋的现象。

（3）"对称性"原则。柱 $b$ 边上箍筋的肢或拉筋都应该在 $b$ 边上对称分布。同时，柱 $h$ 边上箍筋的肢或拉筋都应该在 $h$ 边上对称分布。

（4）"内箍水平段最短"原则。在考虑内箍的布置方案时，应该使内箍的水平段尽可能最短（其目的是使内箍与外箍重合的长度为最短）。

（5）内箍尽量做成标准格式。当柱复合箍筋存在多个内箍时，只要条件许可，这些内箍都尽量做成标准的格式，即"等宽度"的形式，以便于施工。

（6）施工时，纵横方向的小箍（内箍）要贴近大箍（外箍）放置。柱复合箍筋在绑扎时，以大箍为基准；或者是纵向的小箍放在大箍上面、横向的小箍放在大箍下面；或者是纵向的小箍放在大箍下面、横向的小箍放在大箍上面。

**例题** 试计算某框架柱 KZ1 复合箍筋的尺寸。其中，KZ1 的截面尺寸为 750 mm×700 mm，箍筋类型号为 1（5×4），如图 4-14 所示，箍筋规格为 $\phi$ 10@100/200。KZ1 的角筋为 4 $\underline{\Phi}$ 25，$b$ 边一侧中部筋为 5 $\underline{\Phi}$ 25，$h$ 边一侧中部筋为 4 $\underline{\Phi}$ 25。混凝土强度等级为 C30。某框架柱如图 4-15 所示。

图 4-14 箍筋类型 1（5×4）

【解】（1）计算 KZ1 外箍的尺寸。

KZ1 的截面尺寸为 750 mm×700 mm，查表得箍筋保护层厚度为 20 mm，箍筋为 $\phi$ 10，柱的纵筋保护层厚度是 30 mm。

所以，KZ1 外箍的尺寸为：$B=(750-30\times2)\text{mm}=690 \text{ mm}$
$$H=(700-30\times2)\text{mm}=640 \text{ mm}$$

（2）计算 $b$ 边上的内箍尺寸。

①计算单肢箍的尺寸。

根据分析，单肢箍钩住第 5 根纵筋，同时钩住外箍。

所以，

图 4-15　框架柱 KZ1 示意

单肢箍的垂直肢长度＝$H+2×$箍筋直径$+2×$单肢箍直径

$$=(640+2×10+2×10)\text{mm}=680\text{ mm}$$

由于单肢箍弯钩的平直段长度为$10d$（$d$为单肢箍直径），我们计取单肢箍的弯钩长度为$26d$。

所以，

每根单肢箍的长度＝$(680+26.5×10)\text{mm}=945\text{ mm}$

②计算二肢箍内箍的尺寸。

根据分析，内箍钩住第3根和第4根纵筋，设内箍宽度为$b$，纵筋直径为$d$，纵筋的间距为$a$，则$b=a+2d$。

由$6a+7d=B$，得出$6a+7d=690\text{ mm}$，即$a=85\text{ mm}$。

所以，

$b$边上的内箍宽度＝$(85+2×25)\text{mm}=135\text{ mm}$

$b$边上的内箍高度＝$H=640\text{ mm}$

由于箍筋弯钩的平直段长度为$10d$（$d$为箍筋直径），计取箍筋的弯钩长度为$26d$。

所以，

每根箍筋的长度＝$[(135+640)×2+26×10]\text{mm}=1810\text{ mm}$

（3）计算$h$边上的内箍尺寸。

根据分析，内箍钩住第3根和第4根纵筋，设内箍宽度为$b$，纵筋直径为$d$，纵筋的间距为$a$，则$b=a+2d$。

由$5a+6d=H$，得出$5a+6d=640\text{ mm}$，即$a=98\text{ mm}$，所以，

$b$边上的内箍宽度＝$(98+2×25)\text{mm}=148\text{ mm}$

$b$边上的内箍高度＝$H=690\text{ mm}$

由于箍筋弯钩的平直段长度为$10d$（$d$为箍筋直径），计取箍筋的弯钩长度为$26d$。

每根所以箍筋的长度＝$[(148+690)×2+26×10]\text{mm}$

$$=1936\text{ mm}$$

## 三、框架柱基础插筋计算

框架柱的基础插筋由以下两部分组成（以筏形基础为例）。

（1）伸出基础梁顶面以上部分。

框架柱伸出基础梁顶面以上部分的长度＝$H_n/3$

（2）锚入基础梁以内的部分。

框架柱的基础插筋要求"坐底"，即框架柱基础插筋的直钩要踩在基础主梁下部纵筋的上面。由于筏形基础有上下两层钢筋网，基础主梁的下部纵筋要压住筏板下层钢筋网的底部纵筋。所以，框架柱基础插筋的直钩的下面有：基础主梁的下部纵筋、筏板下层钢筋网的底部纵

筋、筏板的保护层。由此,得到框架柱插入到基础梁以内部分长度的计算公式:

框架柱插入到基础梁以内部分长度＝基础梁截面高度－基础梁下部纵筋直径－
筏板底部纵筋直径－筏板保护层

某一建筑物具有层高为 4.20 m 的地下室,地下室下面是"正筏板"基础。地下室顶板的框架梁采用 KL1(300×700),基础主梁的截面尺寸为 700 mm×900 mm,下部纵筋为 9⊕25,筏板的厚度为 400 mm,筏板的纵向钢筋都是⊕18@200,如图 4-16 所示。KZ1 的截面尺寸为 700 mm×650 mm,柱纵筋为 22⊕25,混凝土强度等级 C30,二级抗震等级。试计算 KZ1 的基础插筋。

图 4-16　基础插筋示意

**【解】**　(1)框架柱基础插筋伸出基础梁顶面以上的长度。

由已知条件可知:地下室层高＝4200 mm,地下室顶框架梁高＝700 mm,基础主梁高＝900 mm,筏板厚度＝500 mm。

地下室柱净高 $H_n$＝地下室层高－地下室顶框架梁高－基础主梁与筏板高差
$$＝[4200－700－(900－400)]mm＝3000 mm$$

框架柱基础插筋(短筋)伸出长度＝$H_n/3$
$$＝(3000/3)mm＝1000 mm$$

框架柱基础插筋(长筋)伸出长度＝$H_n/3＋35d$
$$＝(1000＋35×25)mm＝1875 mm$$

(2)框架柱基础插筋的直锚长度。

由已知条件可知:基础主梁高＝900 mm,基础主梁下部纵筋直径＝25 mm,筏板下层纵筋直径＝18 mm,基础保护层厚度＝40 mm。

框架柱基础插筋直锚长度＝基础主梁高度－基础主梁下部纵筋直径－筏板下层纵筋直径－

基础保护层厚度

$$＝(900－25－18－40)mm＝817\ mm$$

(3)框架柱基础插筋的总长度。

框架柱基础插筋的垂直段长度(短筋)＝框架柱基础插筋(短筋)伸出长度＋框架柱基础插

筋直锚长度

$$＝(1000＋817)mm＝1817\ mm$$

框架柱基础插筋的垂直段长度(长筋)＝框架柱基础插筋(长筋)伸出长度＋框架柱基础插

筋直锚长度

$$＝(1875＋817)mm＝2692\ mm$$

因为，$l_{abE}＝40d＝(40×25)mm＝1000\ mm$，而现在的直锚长度＝817 mm＜$l_{abE}$，

所以，

框架柱基础插筋的弯钩长度＝$15d＝(15×25)mm＝375\ mm$

框架柱基础插筋(短筋)的总长度＝$(1817＋375)mm＝2192\ mm$

框架柱基础插筋(长筋)的总长度＝$(2692＋375)mm＝3067\ mm$

# 第五章 基础构件平法识图与钢筋算量

## 第一节 独立基础

### 一、独立基础平法施工图识图规则

#### 1. 独立基础平法施工图的表示方法

(1)独立基础平法施工图,有平面注写与截面注写两种表达方式,设计者可根据具体工程情况选择一种,或两种方式相结合进行独立基础的施工图设计。

(2)当绘制独立基础平面布置图时,应将独立基础平面与基础所支承的柱一起绘制。当设置基础联系梁时,可根据图面的疏密情况,将基础联系梁与基础平面布置图一起绘制,或将基础联系梁布置图单独绘制。

(3)在独立基础平面布置图上应标注基础定位尺寸;当独立基础的柱中心线或杯口中心线与建筑轴线不重合时,应标注其定位尺寸。编号相同且定位尺寸相同的基础,可仅选择一个进行标注。

#### 2. 独立基础编号

各种独立基础的编号见表 5-1。

表 5-1 独立基础编号

| 类型 | 基础底板截面形状 | 代号 | 序号 |
|------|------------------|------|------|
| 普通独立基础 | 阶形 | $DJ_J$ | ×× |
|  | 坡形 | $DJ_P$ | ×× |
| 杯口独立基础 | 阶形 | $BJ_J$ | ×× |
|  | 坡形 | $BJ_P$ | ×× |

设计时应注意:当独立基础截面形状为坡形时,其坡面应采用能保证混凝土浇筑、振捣密

实的较缓坡度；当采用较陡坡度时，应要求施工采用在基础顶部坡面加模板等措施，以确保独立基础的坡面浇筑成型、振捣密实。

**3. 独立基础的平面注写方式**

（1）独立基础的平面注写方式分为集中标注和原位标注。

（2）独立基础的集中标注的具体内容如下：

①独立基础编号（必注内容）。独立基础的编号可参照表 5-1。

②独立基础截面竖向尺寸（必注内容）。

a. 对于普通独立基础而言，当其为阶形截面时，若为单阶，其竖向尺寸仅为一个，即为基础总高度，如图 5-1 所示。若为更多阶时，各阶尺寸自下而上用"/"分隔顺写，如图 5-2 所示的三阶基础。

当基础为坡形截面时，注写为"$h_1/h_2$"，如图 5-3 所示。例如，当阶形截面普通独立基础 $DJ_J \times \times$ 的竖向尺寸注写为 400/300/300 时，表示 $h_1 = 400$ mm、$h_2 = 300$ mm、$h_3 = 300$ mm，基础底板总高度为 1000 mm。

**图 5-1　单阶普通独立基础竖向尺寸**

**图 5-2　三阶普通独立基础竖向尺寸**

**图 5-3　坡形截面普通独立基础竖向尺寸**

b. 对于杯口独立基础而言，当为阶形截面时，其竖向尺寸分两组，一组表达杯口内，另一组表达杯口外，两组尺寸以","分隔，注写为：$a_0/a_1, h_1/h_2/\cdots$，具体如图 5-4～图 5-7 所示，其中杯口深度 $a_0$ 为柱插入杯口的尺寸加 50 mm。

当为坡形截面时，注写为 $a_0/a_1, h_1/h_2/h_3\cdots$，具体如图 5-8、图 5-9 所示。

**图 5-4　阶形截面杯口独立基础竖向尺寸（一）**

**图 5-5　阶形截面杯口独立基础竖向尺寸（二）**

图 5-6　阶形截面高杯口独立基础竖向尺寸(一)

图 5-7　阶形截面高杯口独立基础竖向尺寸(二)

图 5-8　坡形截面杯口独立基础竖向尺寸

图 5-9　坡形截面高杯口独立基础竖向尺寸

③独立基础配筋(必注内容)。

注写独立基础底板配筋。普通独立基础和杯口独立基础的底部双向配筋注写规定:以 B 代表各种独立基础底板的底部配筋;X 向配筋以 X 打头、Y 向配筋以 Y 打头注写,当两向配筋相同时,则以 X&Y 打头注写。例如,某独立基础底板配筋标注如下:

B:X $\Phi$ 16@150,Y $\Phi$ 16@200

表示基础底板底部配置 HRB400 级钢筋,X 向直径为 16 mm,分布间距 150 mm;Y 向直径为 16 mm,分布间距 200 mm,如图 5-10 所示。

图 5-10　独立基础底板底部双向配筋示意

注写杯口独立基础顶部焊接钢筋网。以 Sn 打头引注杯口顶部焊接钢筋网的各边钢筋。当双杯口独立基础中间杯壁厚度小于 400 mm 时,在中间杯壁中配置构造钢筋见相应标准构造详图,设计不注。

注写高杯口独立基础的短柱配筋(也适用于标口独立基础杯壁有配筋的情况)。具体注写规定：

a. 以 O 代表短柱配筋。

b. 先注写短柱纵筋，再注写箍筋。注写为：角筋/长边中部筋/短边中部筋，箍筋（两种间距）；当短柱水平截面为正方形时，注写为：角筋/$x$ 边中部筋/$y$ 边中部筋，箍筋（两种间距，短柱杯口壁内箍筋间距/短柱其他部位箍筋间距）。

c. 对于双高杯口独立基础的短柱配筋，注写形式与单高杯口相同，如图 5-11 所示。

DZ 4$\Phi$20/5$\Phi$18/5$\Phi$18
Φ10@100
−2.500～−0.050

**图 5-11　双高杯口基础短柱配筋示意**

当双高杯口独立基础壁厚度小于 400 mm，在中间杯壁中配置构造钢筋见相应标准构造详图，设计不注。

注写普通独立深基础短柱竖向尺寸及钢筋。当独立基础埋深较大，设置短柱时，短柱配筋应注写在独立基础中。具体注写规定：

a. 以 DZ 代表普通独立深基础短柱。

b. 先注写短柱纵筋，再注写箍筋，最后注写短柱标高范围。普通独立深基础短柱竖向尺寸及钢筋注写为：角筋/长边中部筋/短边中部筋，箍筋，短柱标高范围；当短柱水平截面为正方形时，注写为：角筋/$x$ 边中部筋/$y$ 边中部筋，箍筋，短柱标高范围。

④注写基础底面标高（选注内容）。当独立基础的底面标高与基础底面基准标高不同时，应将独立基础底面标高直接注写在"（　）"内。

⑤必要的文字注解（选注内容）。当独立基础的设计有特殊要求时，宜增加必要的文字注解。例如，基础底板配筋长度是否采用减短方式等，可在该项内注明。

（3）钢筋混凝土和素混凝土独立基础的原位标注，是在基础平面布置图上标注独立基础的平面尺寸。对相同编号的基础，可选择一个进行原位标注；当平面图形较小时，可将所选定进行原位标注的基础按比例适当放大；其他相同编号者仅注编号。

原位标注的具体内容规定如下。

①普通独立基础。原位标注 $x$、$y$、$x_c$、$y_c$（或圆柱直径 $d_c$），$x_i$、$y_i$，$i=1,2,3\cdots$。其中，$x$、$y$ 为普通独立基础两向边长，$x_c$、$y_c$ 为柱截面尺寸，$x_i$、$y_i$ 为阶宽或坡形平面尺寸（当设置短柱时，还应标注短柱的截面尺寸）。

对称阶形截面普通独立基础的原位标注,如图 5-12 所示;非对称阶形截面普通独立基础的原位标注,如图 5-13 所示;设置短柱独立基础的原位标注,如图 5-14 所示。

图 5-12　对称阶形截面普通独立基础的原位标注　　图 5-13　非对称阶形截面普通独立基础的原位标注

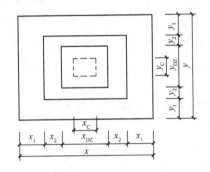

图 5-14　设置短柱独立基础的原位标注

对称坡形截面普通独立基础的原位标注,如图 5-15 所示;非对称坡形截面普通独立基础的原位标注,如图 5-16 所示。

 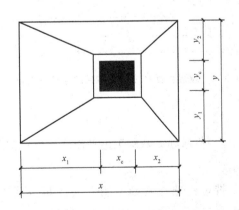

图 5-15　对称坡形截面普通独立基础原位标注　　图 5-16　非对称坡形截面普通独立基础原位标注

②杯口独立基础。原位标注 $x$、$y$，$x_u$、$y_u$，$t_i$，$x_i$、$y_i$，$i=1,2,3\cdots$。其中，$x$、$y$ 为杯口独立基础两向边长，$x_u$、$y_u$ 为杯口上口尺寸，$t_i$ 为杯壁上口厚度，$x_i$、$y_i$ 为阶宽或坡形截面尺寸。

杯口上口、尺寸 $x_u$、$y_u$，按柱截面边长两侧双向各加 75 mm；杯口下口尺寸按标准构造详图（为插入杯口的相应柱截面边长尺寸，每边各加 50 mm），设计不注。

阶形截面杯口独立基础的原位标注如图 5-17、图 5-18 所示。高杯口独立基础原位标注与杯口独立基础完全相同。

图 5-17 阶形截面杯口独立基础的原位标注（一）

图 5-18 阶形截面杯口基础的原位标注（二）

注：本图所示基础底板的一边比其他三边多一阶。

坡形截面杯口独立基础的原位标注如图 5-19、图 5-20 所示。高杯口独立基础的原位标注与杯口独立基础完全相同。

图 5-19 坡形截面杯口独立基础的原位标注（一）

图 5-20 坡形截面杯口独立基础的原位标注（二）

注：本图所示基础底板有两边不放坡。

（4）普通独立基础采用平面注写方式的集中标注和原位标注综合设计表达示意，如图 5-21 所示。

带短柱独立基础采用平面注写方式的集中标注和原位标注综合设计表达示意，如图 4-22 所示。

图 5-21　普通独立基础平面
注写方式设计表达示意

图 5-22　带短柱独立基础采用平面注写方式设计表达示意

（5）杯口独立基础采用平面注写方式的集中标注和原位标注综合设计表达示意，如图 5-23
所示。

图 5-23　杯口独立基础平面注写方式表达示意

在图 5-23 中，集中标注的第三、四行内容，是表达高杯口独立基础短柱的竖向纵筋和横向
箍筋；当为杯口独立基础时，集中标注通常为第一、二、五行的内容。

（6）独立基础通常为单柱独立基础，也可为多柱独立基础（双柱或四柱等）。多柱独立基础
的编号、几何尺寸和配筋的标注方法与单柱独立基础相同。

当为双柱独立基础且柱距较小时,通常仅配置基础底部钢筋;当柱距较大时,除基础底部配筋外,还需在两柱间配置基础顶部钢筋或设置基础梁;当为四柱独立基础时,通常可设置两道平行的基础梁,需要时可在两道基础梁之间配置基础顶部钢筋。

多柱独立基础顶部配筋和基础梁的注写方法规定如下。

①注写双柱独立基础底板顶部配筋。双柱独立基础的顶部配筋,通常对称分布在双柱中心线两侧。以大写字母"T"打头,注写为:双柱间纵向受力钢筋/分布钢筋。当纵向受力钢筋在基础底板顶面非满布时,应注明其总根数。

②注写双柱独立基础的基础梁配筋。当双柱独立基础为基础底板与基础梁相结合时,注写基础梁的编号、几何尺寸和配筋。如JL××(1)表示该基础梁为1跨,两端无外伸;JL××(1A)表示该基础梁为1跨,一端有外伸;JL××(1B)表示该基础梁为1跨,两端均有外伸。

通常情况下,双柱独立基础宜采用端部有外伸的基础梁,基础底板则采用受力明确、构造简单的单向受力配筋与分布筋。基础梁宽度宜比柱截面宽出不小于100 mm(每边不小于50 mm)。

基础梁的注写规定与条形基础的基础梁注写规定相同,注写示意如图5-24所示。

**图 5-24 双柱独立基础的基础梁配筋注写示意**

③注写双柱独立基础的底板配筋。双柱独立基础底板配筋的注写,可以按条形基础底板的规定注写,也可以按独立基础底板的规定注写。

④注写配置两道基础梁的四柱独立基础底板顶部配筋。当四柱独立基础已设置两道平行的基础梁时,根据内力需要可在双梁之间及梁的长度范围内配置基础顶部钢筋,注写为:梁间受力钢筋/分布钢筋。

平行设置两道基础梁的四柱独立基础底板配筋,也可按双梁条形基础底板配筋的注写规定。

独立基础的平面注写方式的示例如图5-25所示。

图 5-25 独立基础的平面注写方式示例

注：1. X、Y 为图面方向。

2. ±0.000 的绝对标高（m）：×××.×××；基础底面基准标高（m）：－×.×××。

**4. 独立基础的截面注写方式**

（1）独立基础的截面注写方式,又可分为截面标注和列表注写(结合截面示意图)两种表达方式。采用截面注写方式,应在基础平面布置图上对所有基础进行编号,基础的编号规定参照表 5-1。

（2）对单个基础进行截面标注的内容和形式,与传统"单构件正投影表示方法"基本相同。对于已在基础平面布置图上原位标注清楚的该基础的平面几何尺寸,在截面图上可不再重复表达。

（3）对多个同类基础,可采用列表注写(结合截面示意图)的方式进行集中表达。表中内容为基础截面的几何数据和配筋等,在截面示意图上应标注与表中栏目相对应的代号。

普通独立基础列表集中注写栏目如下。

①编号:阶形截面编号为 $DJ_J \times \times$ ,坡形截面编号为 $DJ_P \times \times$ 。

②几何尺寸:水平 $x$ 、$y$ 、$x_c$ 、$y_c$ (或圆柱直径 $d_c$ ), $t_i$ 、$x_i$ 、$y_i$ , $i=1,2,3\cdots$ ;竖向尺寸 $a_0$ 、$a_1$ , $h_1/h_2/h_3\cdots$

③配筋:B:X: $\oplus\times\times@\times\times\times$ ,Y: $\oplus\times\times@\times\times\times$ 。

普通独立基础列表格式见表 5-2。

**表 5-2　普通独立基础几何尺寸和配筋**

| 基础编号/截面号 | 截面几何尺寸 | | | | 底部配筋（B） | |
|---|---|---|---|---|---|---|
| | $x$ 、$y$ | $x_c$ 、$y_c$ | $x_i$ 、$y_i$ | $h_1/h_2/h_3\cdots$ | X 向 | Y 向 |
| | | | | | | |
| | | | | | | |

注:可根据实际情况增加表中栏目。例如,当基础底面标高与基础底面基准标高不同时,加注基础底面标高;当为双柱独立基础时,加注基础顶部配筋或基础梁几何尺寸和配筋;当设置短柱时增加短柱尺寸及配筋等。

杯口独立基础列表集中注写栏目如下。

①编号:阶形截面编号为 $BJ_J \times \times$ ,坡形截面编号为 $BJ_P \times \times$ 。

②几何尺寸:水平尺寸 $x$ 、$y$ 、$x_u$ 、$y_u$ 、$t_i$ 、$x_i$ 、$y_i$ , $i=1,2,3\cdots$ ;竖向尺寸 $a_0$ 、$a_i$ , $h_1/h_2/h_3\cdots$ 。

③配筋:B:X: $\oplus\times\times@\times\times\times$ ,Y: $\oplus\times\times@\times\times\times$ ,Sn× $\oplus\times\times$ ;

O: $\times\oplus\times\times/\oplus\times\times@\times\times\times/\oplus\times\times@\times\times\times$ , $\phi\times\times@\times\times\times/\times\times\times$ 。

杯口独立基础列表格式见表 5-3。

**表 5-3　杯口独立基础几何尺寸和配筋**

| 基础编号/截面号 | 截面几何尺寸 | | | | 底部配筋（B） | | 杯口顶部钢筋网（Sn） | 短柱配筋（O） | |
|---|---|---|---|---|---|---|---|---|---|
| | $x$ 、$y$ | $x_u$ 、$y_u$ | $x_i$ 、$y_i$ | $a_0$ 、$a_i$ , $h_1/h_2/h_3\cdots$ | X 向 | Y 向 | | 角筋/长边中部筋/短边中部筋 | 杯口壁箍筋/其他部位箍筋 |
| | | | | | | | | | |
| | | | | | | | | | |

注:1. 可根据实际情况增加表中栏目。如当基础底面标高与基础底面基准标高不同时,加注基础底面标高;或增加说明栏目等。

2. 短柱配筋适用于高杯口独立基础,并适用于杯口独立基础杯壁有配筋的情况。

## 二、独立基础平法识图

(1)独立基础 DJ_J、DJ_P、BJ_J、BJ_P底板配筋构造如图 5-26 所示。

(a)

(b)

**图 5-26 独立基础 DJ_J、DJ_P、BJ_J、BJ_P底板配筋构造**

(a)阶形;(b)坡形

注:1. 独立基础底板配筋构造适用于普通独立基础和杯口独立基础;

2. 几何尺寸和配筋按具体结构设计和图中构造确定;

3. 独立基础底板双向交叉钢筋长向设置在下,短向设置在上。

　　(2)独立基础底板配筋长度减短10％构造如图5-27所示。

图 5-27　独立基础底板配筋长度减短 10％构造

(a)对称独立基础；(b)非对称独立基础

注：1. 当独立基础底板长度不小于 2500 mm 时，除外侧钢筋外，底板配筋长度可取相应方向底板长度的 0.9 倍，交错放置。

　　2. 当非对称独立基础底板长度不小于 2500 mm，但是该基础某侧从柱中心至基础底板边缘的距离小于 1250 mm 时，钢筋在该侧不应减短。

（3）杯口和双杯口独立基础构造。

①杯口顶部焊接钢筋网如图 5-28 所示。

（a）　　　　　　　　　　（b）

**图 5-28　杯口顶部焊接钢筋网**

(a)单杯口;(b)双杯口

②杯口独立基础构造如图 5-29 所示。

**图 5-29　杯口独立基础构造**

注:1. 杯口独立基础底板的截面形状可为阶形截面 $BJ_J$ 或坡形截面 $BJ_P$。当为坡形截面且坡度较大时,应在坡面上安装顶部模板,以确保混凝土能够浇筑成型、振捣密实。

　　2. 几何尺寸和配筋按具体结构设计和图中构造确定。

③双杯口独立基础构造如图 5-30 所示。

**图 5-30　双杯口独立基础构造**

注:1. 几何尺寸和配筋按具体结构设计和图中构造确定;

　　2. 当双杯口的中间杯壁宽度 $t_5$ 小于 400 mm 时,按图示设构造配筋施工。

（4）高杯口独立基础配筋构造如图 5-31 所示。

**图 5-31 高杯口独立基础配筋构造**

注：1. 高杯口独立基础底板的截面形状可为阶形截面 BJ_J 或坡形截面 BJ_P。当为坡形截面且坡度较大时，应在坡面上安装顶部模板，以确保混凝土能够浇筑成型、振捣密实；

2. 几何尺寸和配筋按具体结构设计和图中的构造规定，按相应平法制图规则施工。

(5)双高杯口独立基础配筋构造如图 5-32 所示。

1—1

**图 5-32　双高杯口独立基础配筋构造**

2—2

**续图 5-32**

注：当双杯口的中间杯壁宽度 $t_5 < 400$ mm 时，设置中间杯壁构造配筋。

（6）双柱普通独立基础底部与顶部配筋构造如图 5-33 所示。

**图 5-33  双柱普通独立基础底部与顶部配筋构造**

注：1. 双柱普通独立基础底板的截面形状，可为阶形截面 $DJ_J$ 或坡形截面 $DJ_P$；
    2. 几何尺寸和配筋按具体结构设计和图中构造确定；
    3. 双柱普通独立基础底部双向交叉钢筋，根据基础两个方向从柱外缘至基础外缘的伸出长度 $ex$ 和 $ey$ 的大小，较大者方向的钢筋设置在下，较小者方向的钢筋设置在上。

（7）设置基础梁的双柱普通独立基础配筋构造如图 5-34 所示。

单跨基础梁JL××(1B)

基础底板X向(长向)分布钢筋

基础底板Y向(短向)受力钢筋

基础梁顶部纵筋

基础梁箍筋及侧面纵筋

基础底板分布钢筋

基础底板受力钢筋

基础梁底部纵筋

$\dfrac{1-1}{(a\leqslant 200)}$

**图 5-34　设置基础梁的双柱普通独立基础配筋构造**

注：1. 双柱独立基础底板的截面形状，可为阶形截面 $DJ_J$ 或坡形截面 $DJ_P$。

　　2. 几何尺寸和配筋按具体结构设计和图中构造确定。

　　3. 双柱独立基础底部短向受力钢筋设置在基础梁纵筋之下，与基础梁箍筋的下水平段位于同一层面。

　　4. 双柱独立基础所设置的基础梁宽度，宜比柱截面宽度不小于 100 mm（每边不小于 50 mm）。若具体设计的基础梁宽度小于柱截面宽度，施工时应增设梁包柱侧腋。

（8）单柱带短柱独立基础配筋构造如图 5-35 所示。

**图 5-35　单柱带短柱独立基础配筋构造**

注：1. 独立深基础底板的截面形式可分为阶形截面 BJ$_J$ 或坡形截面 BJ$_P$。当为坡形截面且坡度较大时，应在坡面上安装顶部模板，以确保混凝土能够浇筑成型、振捣密实。

　　2. 几何尺寸和配筋按具体结构设计和图中构造确定，施工按相应平法制图规则。

（9）双柱带短柱独立基础配筋构造如图 5-36 所示。

**图 5-36　双柱带短柱独立深基础短柱配筋构造**

注：1. 带短柱独立基础底板的截面形式可分为阶形截面 BJ$_J$ 或坡形截面 BJ$_P$。当为坡形截面且坡度较大时，应在坡面上安装顶部模板，以确保混凝土能够浇筑成型、振捣密实。

　　2. 几何尺寸和配筋按具体结构设计和图中构造确定，按相应平法制图规则施工。

### 三、独立基础钢筋算量

基础底部受力钢筋重量理论计算如下：

钢筋长度＝基础长度－2×保护层厚度＋6.25×2×钢筋直径

钢筋根数＝(基础宽度－2×保护层厚度)/钢筋间距＋1

钢筋重量＝钢筋长度×钢筋根数×钢筋理论重量

某独立基础 DJ1 配筋图如图 5-37 所示。钢筋采用绑扎连接，混凝土强度等级为 C25，保护层厚度为 40 mm，钢筋理论重量为 0.888 kg/m，试计算钢筋的长度、根数和钢筋重量。

图 5-37　独立基础 DJ1 配筋图

**【解】**　(1)①号受力钢筋。

从图 5-37 中我们可以看出：钢筋直径＝12 mm，钢筋间距＝200 mm。

钢筋长度＝基础长度－2×保护层厚度＋6.25×2×钢筋直径

$\qquad$ ＝(2.0－2×0.04＋6.25×2×0.012)m＝2.07 m

钢筋根数＝(基础宽度－2×保护层厚度)/钢筋间距＋1

$\qquad$ ＝[(2.5－2×0.04)/0.2＋1]根≈14 根

钢筋重量＝钢筋长度×钢筋根数×钢筋理论重量

$\qquad$ ＝(2.07×14×0.888)kg＝25.734 kg

(2)②号受力钢筋。

钢筋长度＝基础长度－2×保护层厚度＋6.25×2×钢筋直径

$\qquad$ ＝(2.5－2×0.04＋6.25×2×0.012)m＝2.57 m

箍筋根数＝(基础宽度－2×保护层厚度)/钢筋间距＋1

$\qquad$ ＝[(2.0－2×0.04)/0.2＋1]根≈11 根

钢筋重量＝钢筋长度×钢筋根数×钢筋理论重量

$$=(2.57\times11\times0.888)\text{kg}=25.104\text{ kg}$$

**例题** 某独立基础$DJ_J1$平法施工图如图5-38所示，其两阶高度为200/200 mm，其剖面示意图如图5-39所示，试计算该独立基础的钢筋。

图 5-38　$DJ_J1$ 平法施工图　　　　图 5-39　$DJ_J1$ 基础剖面示意

**【解】**　(1)X向钢筋的计算。

钢筋长度＝基础长度－2×保护层厚度＋6.25×2×钢筋直径

$$=(3500-2\times40+6.25\times2\times0.014)\text{m}=3.42\text{ m}$$

钢筋根数＝(基础宽度－2×保护层厚度)/钢筋间距＋1

$$=[(3500-2\times75)/200+1]\text{根}\approx18\text{ 根}$$

钢筋重量＝钢筋长度×钢筋根数×钢筋理论重量

$$=(3.42\times18\times1.208)\text{kg}=74.364\text{ kg}$$

(2)Y向钢筋的计算。

钢筋长度＝基础长度－2×保护层厚度＋6.25×2×钢筋直径

$$=(3500-2\times40+6.25\times2\times0.014)\text{m}=3.42\text{ m}$$

钢筋根数＝(基础宽度－2×保护层厚度)/钢筋间距＋1

$$=[(3500-2\times75)/200+1]\text{根}\approx18\text{ 根}$$

钢筋重量＝钢筋长度×钢筋根数×钢筋理论重量

$$=(3.42\times18\times1.208)\text{kg}=74.364\text{ kg}$$

# 第二节　条形基础

## 一、条形基础平法施工图识图规则

### 1. 条形基础平法施工图的表示方法

(1)条形基础平法施工图，有平面注写与截面注写两种表达方式，设计者可根据具体工程情况选择一种,或将两种方式相结合进行条形基础的施工图设计。

(2)当绘制条形基础平面布置图时,应将条形基础平面与基础所支承的上部结构的柱、墙一起绘制。当基础底面标高不同时,需注明与基础底面基准标高不同之处的范围和标高。

(3)当梁板式基础梁中心或板式条形基础板中心与建筑定位轴线不重合时,应标注其定位尺寸;对于编号相同的条形基础,可仅选择一个进行标注。

(4)条形基础整体上可分为两类。

①梁板式条形基础。该类条形基础适用于钢筋混凝土框架结构、框架—剪力墙结构、部分框支剪力墙结构和钢结构。平法施工图将梁板式条形基础分解为基础梁和条形基础底板分别进行表达。

②板式条形基础。该类条形基础适用于钢筋混凝土剪力墙结构和砌体结构。平法施工图仅表达条形基础底板。

**2. 条形基础的编号**

条形基础的编号分为基础梁和条形基础底板编号,具体见表5-4。

表 5-4  条形基础编号

| 类型 | | 代号 | 序号 | 跨数及有无外伸 |
|---|---|---|---|---|
| 基础梁 | | JL | ×× | (××)端部无外伸 |
| 条形基础底板 | 坡形 | $TJB_P$ | ×× | (××A)一端有外伸 |
| | 阶形 | $TJB_J$ | ×× | (××B)两端有外伸 |

注:条形基础通常采用坡形截面或单阶形截面。

**3. 基础梁的平面注写方式**

(1)基础梁JL的平面注写方式有集中标注和原位标注。

(2)基础梁的集中标注内容为基础梁编号、截面尺寸、配筋及基础梁底面标高(与基础地面基准标高不同时)和必要的文字注解。

①注写基础梁编号(必注内容)。具体的条形基础编号的规定见表5-4。

②注写基础梁截面尺寸(必注内容)。注写 $b×h$,表示梁截面宽度与高度。当为竖向加腋梁时,用 $b×h$  $Yc_1×c_2$ 表示,其中 $c_1$ 为腋长,$c_2$ 为腋高。

③注写基础梁配筋(必注内容)。

注写基础梁箍筋:当具体设计仅采用一种箍筋间距时,注写钢筋级别、直径、间距与肢数(箍筋肢数写在括号内,下同);当具体设计采用两种箍筋时,用"/"分隔不同箍筋,按照从基础梁两端向跨中的顺序注写。先注写第1段箍筋(在前面加注箍筋道数),在斜线后注写第2段箍筋(不再加注箍筋道数)。

注写基础梁底部、顶部及侧面纵向钢筋:以 B 打头,注写梁底部贯通纵筋(不应少于梁底部受力钢筋总截面面积的1/3)。当跨中所注根数少于箍筋肢数时,需要在跨中增设梁底部架立筋以固定箍筋，采用"＋"将贯通纵筋与架立筋相联，架立筋注写在加号后面的括号内；以 T 打头，注写梁顶部贯通纵筋。注写时用分号"；"将底部与顶部贯通纵筋分隔开，如有个别跨与其不同者按原位注写的规定处理；当梁底部或顶部贯通纵筋多于一排时，用"/"将各排纵筋自上而下分开。以大写字母 G 打头注写梁两侧面对称设置的纵向构造钢筋的总配筋值（当梁腹板净高 $h_w$ 不小于 450 mm 时，根据需要配置）。

④注写基础梁底面标高（选注内容）。当条形基础的底面标高与基础底面基准标高不同时，将条形基础底面标高注写在"（ ）"内。

⑤必要的文字注解（选注内容）。当基础梁的设计有特殊要求时，宜增加必要的文字注解。

（3）基础梁的原位标注的规定如下：

①基础梁支座的底部纵筋，包括贯通纵筋与非贯通纵筋在内的所有纵筋。

当底部纵筋多于一排时，用"/"将各排纵筋自上而下分开；当同排纵筋有两种直径时，用"＋"将两种直径的纵筋相连；当梁支座两边的底部纵筋配置不同时，需在支座两边分别标注；当梁支座两边的底部纵筋相同时，可仅在支座的一边标注；当梁支座底部全部纵筋与集中注写过的底部纵筋相同时，可不再重复原位标注；竖向加腋部位钢筋，需在设置加腋的支座处以 Y 打头注写在括号内。

②原位注写基础梁的附加箍筋或（反扣）吊筋。当两向基础梁十字交叉，但交叉位置无柱时，应根据需要设置附加箍筋或（反扣）吊筋。

将附加箍筋或（反扣）吊筋直接画在平面图中条形基础主梁上，原位直接引注总配筋值（附加箍筋的肢数注在括号内）。当多数附加箍筋或（反扣）吊筋相同时，可在条形基础平法施工图上统一注明。少数与统一注明值不同时，再原位直接引注。

③原位注写基础梁外伸部位的变截面高度尺寸。当基础梁外伸部位采用变截面高度时，在该部位原位注写 $b \times h_1/h_2$，$h_1$ 为根部截面高度，$h_2$ 为尽端截面高度。

④原位注写修正内容。当在基础梁上集中标注的某项内容（如截面尺寸、箍筋、底部与顶部贯通纵筋或架立筋、梁侧面纵向构造钢筋、梁底面标高）不适用于某跨或某外伸部位时，将其修正内容原位标注在该跨或该外伸部位，施工时原位标注取值优先。当在多跨基础梁的集中标注中已注明竖向加腋，而该梁某跨根部不需要竖向加腋时，则应在该跨原位标注无 $Yc_1 \times c_2$ 的 $b \times h$，以修正集中标注中的竖向加腋要求。

**4. 基础梁底部非贯通钢筋的长度规定**

（1）为方便施工，对于基础梁柱下区域底部非贯通纵筋的伸出长度 $a_0$ 值，当配置不多于两排时，在标准构造详图中统一取值为自柱边向跨内伸出至 $l_n/3$ 位置；当非贯通纵筋配置多于两排时，从第三排起向跨内的伸出长度值应由设计者注明。

$l_n$ 的取值规定为：边跨边支座的底部非贯通纵筋，$l_n$ 取本边跨的净跨长度值；对于中间支座的底部非贯通纵筋，$l_n$ 取支座两边较大一跨的净跨长度值。

（2）基础梁外伸部位底部纵筋的伸出长度 $a_0$ 值，在标准构造详图中统一取值为：第一排伸出至梁端头后,全部上弯 $12d$ 或 $15d$;其他排钢筋伸至梁端头后截断。

(3)设计者在执行底部非贯通纵筋伸出长度的统一取值规定时,应注意按《混凝土结构设计规范(2015 年版)》(GB 50010—2010)、《建筑地基基础设计规范》(GB 50007—2011)和《高层建筑混凝土结构技术规程》(JGJ 3—2010)的相关规定进行校核,若不满足时应另行变更。

**5. 条形基础底板的平面注写方式**

(1)条形基础底板 $TJB_P$、$TJB_J$ 的平面注写方式,分集中标注和原位标注两部分内容。

(2)条形基础底板的集中标注内容为:条形基础底板编号、截面竖向尺寸、配筋及条形基础底板底面标高(与基础底面基准标高不同时)和必要的文字注解。素混凝土条形基础底板的集中标注,除无底板配筋内容外与钢筋混凝土条形基础底板相同。具体规定如下。

①注写条形基础底板编号(必注内容)。条形基础底板的编号参照表 5-4。

条形基础底板向两侧的截面形状通常有两种:

阶形截面,编号加下标"J",如 $TJB_J××(××)$;

坡形截面,编号加下标"P",如 $TJB_P××(××)$。

②注写条形基础底板截面竖向尺寸(必注内容)。

当条形基础底板为坡形截面时,注写为: $h_1/h_2$,如图 5-40 所示。

**图 5-40 条形基础底板坡形截面竖向尺寸**

当条形基础底板为阶形截面时,其竖向尺寸注写方式如图 5-41 所示。

**图 5-41 条形基础底板阶形截面竖向尺寸**

③注写条形基础底板底部及顶部配筋(必注内容)。

以 B 打头,注写条形基础底板底部的横向受力钢筋;以 T 打头,注写条形基础底板顶部的横向受力钢筋;注写时,用"/"分隔条形基础底板的横向受力钢筋与纵向分布钢筋。

④注写条形基础底板底面标高(选注内容)。当条形基础底板的底面标高与条形基础底面基准标高不同时,应将条形基础底板底面标高注写在"( )"内。

⑤必要的文字注解(选注内容)。当条形基础底板有特殊要求时,应增加必要的文字注解。

(3)条形基础底板的原位标注规定如下。

①原位注写条形基础底板的平面尺寸。原位标注 $b$、$b_i$，$i=1,2,\cdots$。其中，$b$ 为基础底板总宽度，$b_i$ 为基础底板台阶的宽度。当基础底板采用对称于基础梁的坡形截面或单阶形截面时，$b_i$ 可不注，如图 5-42 所示。

**图 5-42　条形基础底板平面尺寸原位标注**

素混凝土条形基础底板的原位标注与钢筋混凝土条形基础底板相同。对于相同编号的条形基础底板，可仅选择一个进行标注。

条形基础存在双梁或双墙共用同一基础底板的情况，当为双梁或为双墙且梁或墙荷载差别较大时，条形基础两侧可取不同的宽度，实际宽度以原位标注的基础底板两侧非对称的不同台阶宽度 $b_i$ 进行表达。

②原位注写修正内容。当在条形基础底板上集中标注的某项内容，如底板截面竖向尺寸、底板配筋、底板底面标高等，不适用于条形基础底板的某跨或某外伸部分时，可将其修正内容原位标注在该跨或该外伸部位，施工时原位标注取值优先。

条形基础的平面注写方式的示例如图 5-43 所示。

**6. 条形基础的截面注写方式**

（1）条形基础的截面注写方式，又可分为截面注写和列表注写（结合截面示意图）两种表达方式。

采用截面注写方式，应在基础平面布置图上对所有条形基础进行编号，见表 5-4。

（2）对条形基础进行截面标注的内容和形式，与传统"单构件正投影表示方法"基本相同。对于已在基础平面布置图上原位标注清楚的该条形基础梁和条形基础底板的水平尺寸，可不在截面图上重复表达，具体表达内容可参照 16G101-3 图集的规定。

（3）对多个条形基础可采用列表注写（结合截面示意图）的方式进行集中表达。表中内容为条形基础截面的几何数据和配筋，截面示意图上应标注与表中栏目相对应的代号。列表的具体内容规定如下。

①基础梁列表集中注写栏目。

图 5-43 条形基础的平面注写方式示例

a. 编号：注写 JL××（××）、JL××（××A）或 JL××（××B）。

b. 几何尺寸：梁截面宽度与高度 $b×h$。当为竖向加腋梁时，注写 $b×h Yc_1×c_2$，其中 $c_1$ 为腋长，$c_2$ 为腋高。

c. 配筋：注写基础梁底部贯通纵筋＋非贯通纵筋，顶部贯通纵筋，箍筋。当设计为两种箍筋时，箍筋注写为：第一种箍筋/第二种箍筋，第一种箍筋为梁端部箍筋，注写内容包括箍筋的箍数、钢筋级别、直径、间距与肢数。

基础梁列表格式见表 5-5。

表 5-5　基础梁几何尺寸和配筋

| 基础梁编号/ 截面号 | 截面几何尺寸 | | 配筋 | |
|---|---|---|---|---|
| | $b×h$ | 竖向加腋 $c_1×c_2$ | 底部贯通纵筋＋非贯通纵筋，顶部贯通纵筋 | 第一种箍筋/ 第二种箍筋 |
| | | | | |
| | | | | |

注：表中可根据实际情况增加栏目，如增加基础梁底面标高等。

②条形基础底板。条形基础底板列表集中注写栏目为：

a. 编号：坡形截面编号为 $TJB_P××（××）$、$TJB_P××（××A）$或 $TJB_P××（××B）$，阶形截面编号为 $TJB_J××（××）$、$TJB_J××（××A）$或 $TJB_J××（××B）$。

b. 几何尺寸：水平尺寸 $b、b_i，i=1,2,\cdots$；竖向尺寸 $h_1/h_2$。

c. 配筋：B：⏀××@×××/⏀××@×××。

条形基础底板列表格式见表 5-6。

表 5-6　条形基础底板几何尺寸和配筋

| 基础底板编号/ 截面号 | 截面几何尺寸 | | | 底部配筋（B） | |
|---|---|---|---|---|---|
| | $b$ | $b_i$ | $h_1/h_2$ | 横向受力钢筋 | 纵向分布钢筋 |
| | | | | | |
| | | | | | |

注：表中可根据实际情况增加栏目，如增加上部配筋、基础底板底面标高（与基础底板底面基准标高不一致时）等。

## 二、条形基础平法识图

### 1. 基础梁 JL 钢筋构造

(1)条形基础梁 JL 端部与外伸部位钢筋构造如图 5-44、图 5-45 所示。

**图 5-44　条形基础梁端部等截面外伸构造**

注:端部等(变)截面外伸构造中,当从柱内边算起的梁端部外伸长度不满足直锚要求时,基础梁下部钢筋应伸至端部后弯折,其从柱内边算起水平段长度不小于 $0.6l_{ab}$,弯折端长度 $15d$。

**图 5-45　条形基础梁端部变截面外伸构造**

注:端部变截面外伸构造中,当从柱内边算起的梁端部外伸长度不满足直锚要求时,基础梁下部钢筋应伸至端部后弯折,其从柱内边算起水平段长度不小于 $0.6l_{ab}$,弯折端长度 $15d$。

(2)基础梁 JL 梁底不平和变截面部位钢筋构造分别如图 5-46～图 5-50 所示。

**图 5-46　梁底有高差钢筋构造**

注:1. 当基础梁变标高及变截面形式与本图不同时,其构造应由设计者另行设计;如果要求参照本图的构造方式施工,应提供相应改动的变更说明。

　　2. 梁底高差坡度 $\alpha$ 根据场地实际情况可取 30°、45°或 60°角。

**图 5-47　梁底、梁顶均有高差钢筋构造（一）**

注：1. 当基础梁变标高及变截面形式与本图不同时，其构造应由设计者另行设计；如果要求参照本图的构造方式施工，应提供相应改动的变更说明。

　　2. 梁底高差坡度 α 根据场地实际情况可取 30°、45°或 60°角。

**图 5-48　梁底、梁顶均有高差钢筋构造（二）**
**（仅用于条形基础）**

注：1. 当基础梁变标高及变截面形式与本图不同时，其构造应由设计者另行设计；如果要求施工方面参照本图的构造方式施工，应提供相应改动的变更说明。

　　2. 梁底高差坡度 α 根据场地实际情况可取 30°、45°或 60°角。

**图 5-49　梁顶有高差钢筋构造**

注：当基础梁变标高及变截面形式与本图不同时，其构造应由设计者另行设计；如果要求参照本图的构造方式施工，应提供相应改动的变更说明。

图 5-50 柱两边梁宽不同钢筋构造

注:当基础梁变标高及变截面形式与本图不同时,其构造应由设计者另行设计;如果要求参照本图的构造方式施工,应提供相应改动的变更说明。

(3)基础梁侧面构造纵筋和拉筋如图 5-51 所示。

图 5-51 基础梁侧面构造纵筋和拉筋

(a)基础梁侧面构造纵筋和拉筋($a \leqslant 200$ mm);(b)图(一);
(c)图(二);(d)图(三);(e)图(四);(f)图(五)

注:1. 基础梁侧面纵向构造钢筋搭接长度为 $15d$,十字相交的基础梁,当相交位置有柱时,侧面构造纵筋入梁包柱侧腋内 $15d$,如图(b)所示;当无柱时,侧面构造纵筋锚入交叉梁内 $15d$,如图(e)所示。丁字相交的基础梁,当相交位置无柱时,横梁外侧的构造纵筋应贯通,横梁内侧的构造纵筋锚入交叉梁 $15d$,如图(f)所示。

2. 梁侧钢筋的拉筋直径除注明者外均为 8 mm,间距为箍筋间距的 2 倍。当设有多排拉筋时,上下两排拉筋竖向错开设置。

3. 基础梁侧面受扭纵筋的搭接长度为 $l_l$,其锚固长度为 $l_a$,锚固方式同梁上部纵筋。

（4）基础梁 JL 配置两种箍筋构造如图 5-52 所示。

**图 5-52　基础梁 JL 配置两种箍筋构造**

$l_{ni}$、$l_{ni+1}$、$l_{ni+2}$、$l_{ni+3}$—基础梁的本跨净跨值；$h_c$—柱截面沿基础梁方向的高度

注：1. 当具体设计未注明时，基础梁的外伸部位及基础梁端部节点内按第一种箍筋设置。

　　2. 基础梁竖向加腋部位的钢筋见设计标注。加腋范围的箍筋与基础梁的箍筋配置相同，仅箍筋高度为变值。

## 2. 条形基础底板配筋构造

（1）条形基础底板配筋构造如图 5-53、图 5-54 所示。

(a)　　　　　　　　　　　　　　　　(b)

**图 5-53　条形基础底板配筋构造(一)**

(c)

(d)

续图 5-53

（a）十字交接基础底板，也可用于转角梁板端部均有纵向延伸；（b）丁字交接基础底板；

（c）转角梁板端部无纵向延伸；（d）条形基础无交接底板端部构造；（e）阶形截面 $TJB_J$；（f）坡形截面 $TJB_P$

注：1. 条形基础底板的分布钢筋在梁宽范围内不设置；

2. 在两向受力钢筋交接处的网状部位，分布钢筋与同向受力钢筋的搭接长度为 150 mm。

(a)

(b)

图 5-54 条形基础底板配筋构造（二）

(c)

(d)　　　　　　　　　　　　　　　　(e)

**续图 5-54**

(a)转角处墙基础底板；(b)丁字交接基础底板；(c)十字交接基础底板；

(d)剪力墙下条形基础截面；(e)砌体墙下条形基础截面

注：在两向受力钢筋交接处的网状部位，分布钢筋与同向受力钢筋的构造搭接长度为150 mm。

（2）墙下条形基础底板板底不平构造如图5-55所示。

(a)

**图 5-55　墙下条形基础底板板底不平构造**

(b)

续图 5-55

(a)墙下条形基础底板板底不平构造(一);(b)墙下条形基础底板板底
不平构造(二)(板底高差坡度角 α 取 45°或按设计)

(3)条形基础底板配筋长度减短 10%构造如图 5-56 所示。

图 5-56 条形基础底板配筋长度减短 10%构造

注:底板交接区的受力钢筋和无交接底板时底部第一根钢筋不应减短。

# 三、条形基础钢筋算量

## 1. 普通基础梁 JL 钢筋计算

JL01 的平法施工图如图 5-57 所示。保护层厚度 $c=25$ mm,梁包柱侧腋＝
50 mm,试计算该钢筋的工程量。

图 5-57 JL01 平法施工图

【解】 (1)顶部贯通纵筋 4$\Phi$20。

顶部贯通纵筋长度＝梁长(含梁包柱侧腋)－$c$＋弯折 15$d$

$$=[(3600\times2+200\times2+50\times2)-2\times25+2\times15\times20]mm=8250\ mm$$

(2)底部贯通纵筋 4$\Phi$20。

底部贯通纵筋长度＝梁长(含梁包柱侧腋)－$c$＋弯折 15$d$

$$=[(3600\times2+200\times2+50\times2)-2\times25+2\times15\times20]mm=8250\ mm$$

(3)箍筋。

外大箍筋长度＝$[(300-2\times25)\times2+(500-2\times25)\times2+2\times11.9\times12]mm=1686mm$

内小箍筋长度＝$\{[(300-2\times25-20-24)/3+20+24]\times2+(500-2\times25)\times2+2\times11.9\times12\}mm=1411\ mm$

箍筋根数：

梁第一跨箍筋根数：$(5\times2+6)$根＝16 根

中间箍筋根数＝$[(3600-200\times2-50\times2-150\times5\times2)/250-1]$根≈6 根

梁第二跨箍筋根数同梁第一跨,为 16 根。

节点内箍筋根数＝$(400/150)$根≈3 根

JL01 箍筋总根数为：

外大箍筋根数＝$(16\times2+3\times3)$根≈41 根

内小箍筋根数＝41 根

注:JL 箍筋不是从梁边布置,而是从柱边起布置。

**2. 基础梁 JL 底部非贯通筋、架立筋计算**

例题　　　　JL02 的平法施工图如图 5-58 所示。保护层厚度 $c=25$ mm,梁包柱侧腋＝50 mm,试计算该钢筋的工程量。

**图 5-58　JL02 平法施工图**

【解】 (1)顶部贯通纵筋 4$\Phi$20。

顶部贯通纵筋长度＝[(3400＋4200＋200×2＋50×2)－2×25＋2×15×20]mm＝8650 mm

(2)底部贯通纵筋 2$\underline{\Phi}$20。

底部贯通纵筋长度＝[(3400＋4200＋200×2＋50×2)－2×25＋2×15×20]mm＝8650 mm

(3)箍筋。

外大箍筋长度＝[(300－2×25)×2＋(500－2×25)×2＋2×11.9×12]mm＝1686 mm

内小箍筋长度＝{[(300－2×25－20－24)/3＋20＋24]×2＋(500－2×25)×2＋2×11.9×12}mm＝1411 mm

箍筋根数：

第一跨箍筋根数：(5×2＋5)根＝15 根

中间箍筋根数＝[(3400－200×2－50×2－150×5×2)/250－1]根≈5 根

第二跨箍筋根数：(5×2＋8)根＝18 根

中间箍筋根数＝[(4200－200×2－50×2－150×5×2)/250－1]根≈8 根

节点内箍筋根数＝(400/150)根≈3 根

JL02 箍筋总根数为：

外大箍根数＝(15＋18＋3×3)根＝42 根

内小箍根数＝42 根

(4)底部端部非贯通筋 2$\underline{\Phi}$20。

底部端部非贯通筋长度＝延伸长度 $l_n/3$＋支座宽度 $h_c$＋梁包柱侧腋－保护层厚度 $c$＋弯折 $15d$

$$＝[(4200－400)/3＋400＋50－25＋15×20]mm＝1992 mm$$

(5)底部中间柱下区域非贯通筋 2$\underline{\Phi}$20。

底部中间柱下区域非贯通筋长度＝$2l_n/3＋h_c$

$$＝[2×(4200－400)/3＋400]mm＝2934 mm$$

(6)底部架立筋 2$\underline{\Phi}$12。

第一跨底部架立筋长度＝[(3400－400)－(3400－400)/3－(4200－400)/3＋2×150]mm＝1034 mm

第二跨底部架立筋长度＝{(4200－400)－2×[(4200－400)/3]＋2×150}mm＝1567 mm

拉筋($\Phi$8)间距为最大箍筋间距的 2 倍。

第一跨拉筋根数＝{[3400－2×(200＋50)]/500＋1}根≈7 根

第二跨拉筋根数＝{[4200－2×(200＋50)]/500＋1}根≈9 根

### 3. 条形基础底板底部钢筋(直转角)计算

例题 TJP$_P$01平法施工图如图5-59所示。保护层厚度为40 mm,分布筋与同向受力筋搭接长度为150 mm,起步间距为$s/2=75$ mm,试计算受力筋及分布筋。

**图5-59 TJP$_P$01平法施工图**

【解】 计算简图如图5-60所示。

**图5-60 TJP$_P$01平法施工图计算简图**

(1)受力筋为$\oplus$14@150,其计算如下：

受力筋长度=条形基础底板宽度-2$c$

$\qquad=(1000-2\times40)\text{mm}=920\text{ mm}$

受力筋根数=[(3000×2+2×500-2×75)/150+1]根≈47 根

(2)分布筋为$\Phi$8@250,其计算如下：

分布筋长度=(3000×2-2×500+2×40+2×150)mm=5380 mm

分布筋单侧的根数=[(500-150-2×125)/250+1]根≈2 根

# 第三节　筏形基础

## 一、筏形基础平法施工图识图规则

### 1. 梁板式筏形基础平法识图规则

(1)梁板式筏形基础平法施工图的表示方法。

①梁板式筏形基础平法施工图,是在基础平面布置图上采用平面注写方式进行表达。

②当绘制基础平面布置图时,应将梁板式筏形基础与其所支承的柱、墙一起绘制。梁板式筏形基础以多数相同的基础底面标高作为基础底面基准标高。当基础底面标高不同时,需注明与基础底面基准标高不同之处的范围和标高。

③通过选注基础梁底面与基础平板底面的标高高差来表达两者间的位置关系,可以明确其"高板位"(梁顶与板顶一平)、"低板位"(梁底与板底一平)及"中板位"(板在梁的中部)三种不同位置组合的筏形基础,方便设计表达。

④对于轴线未居中的基础梁,应标注其定位尺寸。

(2)梁板式筏形基础构件的类型和编号。

梁板式筏形基础由基础主梁、基础次梁、基础平板等构成,编号按下表 5-7 的规定。

表 5-7　梁板式筏形基础构件编号

| 构件类型 | 代号 | 序号 | 跨数及有无外伸 |
|---|---|---|---|
| 基础主梁(柱下) | JL | ×× | (××)或(××A)或(××B) |
| 基础次梁 | JCL | ×× | (××)或(××A)或(××B) |
| 梁板筏基础平板 | LPB | ×× | |

注:1. (××A)为一端有外伸,(××B)为两端有外伸,外伸不计入跨数;

2. 梁板式筏形基础平板跨数及是否有外伸分别在 X、Y 两向的贯通纵筋之后表达,图面从左至右为 X 向,从下至上为 Y 向;

3. 梁板式筏形基础主梁与条形基础梁编号与标准构造详图一致。

(3)基础主梁与基础次梁的平面注写方式。

①基础主梁 JL 与基础次梁 JCL 的平面注写,分集中标注与原位标注两部分内容。当集中标注中的某项数值不适用于梁的某部位时,则将该项数值采用原位标注。施工时,原位标注优先。

②基础主梁 JL 与基础次梁 JCL 的集中标注内容为:基础梁编号、截面尺寸、配筋及基础梁底面标高高差(相对于筏形基础平板底面标高)。具体规定如下:

a. 注写基础梁的编号，具体参照表5-7。

b. 注写基础梁的截面尺寸。以 $b×h$ 表示梁截面宽度与高度；当为竖向加腋梁时，用 $b×h\,Yc_1×c_2$ 表示，其中 $c_1$ 为腋长，$c_2$ 为腋高。

c. 注写基础梁箍筋：当采用一种箍筋间距时，注写钢筋级别、直径、间距与肢数（写在括号内）。当采用两种箍筋时，用"/"分隔不同箍筋，按照从基础梁两端向跨中的顺序注写。先注写第1段箍筋（在前面加注箍数），在斜线后再注写第2段箍筋（不再加注箍数）。

注写基础梁的底部、顶部及侧面纵向钢筋：以 B 打头，先注写梁底部贯通纵筋（不应少于底部受力钢筋总截面面积的1/3）。当跨中所注根数少于箍筋肢数时，需要在跨中加设架立筋以固定箍筋，注写时，用"＋"将贯通纵筋与架立筋相连，架立筋注写在加号后面的括号内。以 T 打头，注写梁顶部贯通纵筋值。注写时用"；"将底部与顶部纵筋分隔开。以大写字母 G 打头注写基础梁两侧面对称设置的纵向构造钢筋的总配筋值（当梁腹板高度 $h_w≥450$ mm 时，根据需要配置）。当需要配置抗扭纵向钢筋时，梁两个侧面设置的抗扭纵向钢筋以 N 打头。

d. 注写基础梁底面标高高差（是指相对于筏形基础平板底面标高的高差值），该项为选注值。有高差时需将高差写入括号内（如"高板位"与"中板位"基础梁的底面与基础平板底面标高的高差值），无高差时不注（如"低板位"筏形基础的基础梁）。

③基础主梁与基础次梁的原位标注规定如下。

a. 梁支座的底部纵筋包括贯通纵筋与非贯通纵筋在内的所有纵筋。

当底部纵筋多于一排时，用斜线"/"将各排纵筋自上而下分开。当同排纵筋有两种直径时，用"＋"将两种直径的纵筋相相连。

当梁中间支座两边的底部纵筋配置不同时，需在支座两边分别标注；当梁中间支座两边的底部纵筋相同时，可仅在支座的一边标注配筋值。当梁端（支座）区域的底部全部纵筋与集中注写过的贯通纵筋相同时，可不再重复做原位标注。

竖向加腋梁加腋部位钢筋，需在设置加腋的支座处以 Y 打头注写在括号内。

b. 注写基础梁的附加箍筋或（反扣）吊筋。将其直接画在平面图中的主梁上，用线引注总配筋值（附加箍筋的肢数注在括号内），当多数附加箍筋或（反扣）吊筋相同时，可在基础梁平法施工图上统一注明，少数与统一注明值不同时，再原位引注。

c. 当基础梁外伸部位变截面高度时，在该部位原位注写 $b×h_1/h_2$，$h_1$ 为根部截面高度，$h_2$ 为尽端截面高度。

d. 注写修正内容。当在基础梁上集中标注的某项内容（如梁截面尺寸、箍筋、底部与顶部贯通纵筋或架立筋、梁侧面纵向构造钢筋、梁底面标高高差等）不适用于某跨或某外伸部分时，则将其修正内容原位标注在该跨或该外伸部位，施工时原位标注取值优先。当在多跨基础梁的集中标注中已注明竖向加腋，而该梁某跨根部不需要竖向加腋时，则应在该跨原位标注等截面的 $b×h$，以修正集中标注中的加腋信息。

(4)基础梁底部非贯通纵筋的长度规定。

①为方便施工,凡基础主梁柱下区域和基础次梁支座区域底部非贯通纵筋的伸出长度 $a_0$ 值,当配置不多于两排时,在标准构造详图中统一取值为自支座边向跨内伸出至 $l_n/3$ 位置;当非贯通纵筋配置多于两排时,从第三排起向跨内的伸出长度值应由设计者注明。$l_n$ 的取值规定为:边跨边支座的底部非贯通纵筋,$l_n$ 取本边跨的净跨长度值;中间支座的底部非贯通纵筋,$l_n$ 取支座两边较大一跨的净跨长度值。

②基础主梁与基础次梁外伸部位底部纵筋的伸出长度 $a_0$ 值,在标准构造详图中统一取值为:第一排伸出至梁端头后,全部上弯 $12d$ 或 $15d$;其他排伸至梁端头后截断。

③设计者在执行基础梁底部非贯通纵筋伸出长度的统一取值规定时,应注意按《混凝土结构设计规范(2015 年版)》(GB 50010—2010)、《建筑地基基础设计规范》(GB 50007—2011)和《高层建筑混凝土结构技术规程》(JGJ 3—2010)的相关规定进行校核,若不满足时应另行变更。

(5)梁板式筏形基础平板的平面注写方式。

①梁板式筏形基础平板 LPB 的平面注写,分为集中标注与原位标注两部分内容。

②梁板式筏形基础平板 LPB 贯通纵筋的集中标注,应在所表达的板区双向均为第一跨(X 与 Y 双向首跨)的板上引出(图面从左至右为 X 向,从下至上为 Y 向)。

板区划分条件:板厚相同、基础平板底部与顶部贯通纵筋配置相同的区域为同一板区。

集中标注的内容规定如下:

a. 注写基础平板的编号,具体参照表 5-7。

b. 注写基础平板的截面尺寸。注写 $h=\times\times\times$ 表示板厚。

c. 注写基础平板的底部与顶部贯通纵筋及其跨数和外伸情况。先注写 X 向底部(B 打头)贯通纵筋与顶部(T 打头)贯通纵筋及纵向长度范围;再注写 Y 向底部(B 打头)贯通纵筋与顶部(T 打头)贯通纵筋及其跨数和外伸情况(图面从左至右为 X 向,从下至上为 Y 向)。

贯通纵筋的跨数及外伸情况注写在括号中,注写方式为"跨数及有无外伸",其表达形式为:$(\times\times)$(无外伸)、$(\times\times A)$(一端有外伸)或 $(\times\times B)$(两端有外伸)。

当贯通筋采用两种规格钢筋"隔一布一"方式时,表达为 $\Phi xx/yy@\times\times\times$,表示直径 xx 的钢筋和直径 yy 的钢筋之间的间距为 $\times\times\times$,直径为 xx 的钢筋、直径为 yy 的钢筋间距分别为 $\times\times\times$ 的 2 倍。

③梁板式筏形基础平板 LPB 的原位标注,主要表达板底部附加非贯通纵筋。

a. 原位注写位置及内容。板底部原位标注的附加非贯通纵筋,应在配置相同跨的第一跨表达(当在基础梁悬挑部位单独配置时则在原位表达)。在配置相同跨的第一跨(或基础梁外伸部位),垂直于基础梁绘制一段中粗虚线(当该筋通长设置在外伸部位或短跨板下部时,应画至对边或贯通短跨),在虚线上注写编号(如①、②)、配筋值、横向布置的跨数及是否布置到外伸部位。

注：(××)为横向布置的跨数，(××A)为横向布置的跨数及一端基础梁的外伸部位，(××B)为横向布置的跨数及两端基础梁外伸部位。

板底部附加非贯通纵筋向两边跨内的伸出长度值注写在线段的下方位置。当该筋向两侧对称伸出时，可仅在一侧标注，另一侧不注；当布置在边梁下时，向基础平板外伸部位一侧的伸出长度与方式按标准构造，设计不注。底部附加非贯通筋相同者，可仅注写一处，其他只注写编号。

横向连续布置的跨数及是否布置到外伸部位，不受集中标注贯通纵筋的板区限制。

原位注写的底部附加非贯通纵筋与集中标注的底部贯通钢筋，宜采用"隔一布一"的方式布置，即基础平板（X向或Y向）底部附加非贯通纵筋与贯通纵筋间隔布置，其标注间距与底部贯通纵筋相同（两者实际组合后的间距为各自标注间距的1/2）。

b. 注写修正内容。当集中标注的某些内容不适用于梁板式筏形基础平板某板区的某一板跨时，应由设计者在该板跨内注明，施工时应按注明内容取用。

c. 当若干基础梁下基础平板的底部附加非贯通纵筋配置相同时（其底部、顶部的贯通纵筋可以不同），可仅在一根基础梁下做原位注写，并在其他梁上注明"该梁下基础平板底部附加非贯通筋同××基础梁"。

④梁板式筏形基础平板 LPB 的平面注写规定，同样适用于钢筋混凝土墙下的基础平板。

(6)平法设计中的其他规定。

①当在基础平板周边沿侧面设置纵向构造钢筋时，应在图中注明。

②应注明基础平板外伸部位的封边方式，当采用 U 形钢筋封边时应注明其规格、直径及间距。

③当基础平板外伸变截面高度时，应注明外伸部位的 $h_1/h_2$，$h_1$ 为板根部截面高度，$h_2$ 为板尽端截面高度。

④当基础平板厚度大于 2 m 时，应注明具体构造要求。

⑤当在基础平板外伸阳角部位设置放射筋时，应注明放射筋的强度等级、直径、根数及设置方式等。

⑥板的上、下部纵筋之间设置拉筋时，应注明拉筋的强度等级、直径、双向间距等。

⑦应注明混凝土垫层厚度与强度等级。

⑧结合基础主梁交叉纵筋的上下关系，当基础平板同一层面的纵筋相交叉时，应注明何向纵筋在下，何向纵筋在上。

⑨设计需注明的其他内容。

**2. 平板式筏形基础平法识图规则**

(1)平板式筏形基础平法施工图的表示方法。

①平板式筏形基础平法施工图，是在基础平面布置图上采用平面注写方式表达。

②当绘制基础平面布置图时，应将平板式筏形基础与其所支承的柱、墙一起绘制。当基础

底面标高不同时,需注明与基础底面基准标高不同之处的范围和标高。

(2)平板式筏形基础构件的类型和编号。

平板式筏形基础的平面注写方式有两种:一是划分为柱下板带和跨中板带进行表达;二是按基础平板进行表达。平板式筏形基础构件编号按表5-8的规定。

表 5-8　平板式筏形基础构件编号

| 构件类型 | 代号 | 序号 | 跨数及有无外伸 |
|---|---|---|---|
| 柱下板带 | ZXB | ×× | (××)或(××A)或(××B) |
| 跨中板带 | KZB | ×× | (××)或(××A)或(××B) |
| 平板筏形基础平板 | BPB | ×× | |

注:1.(××A)为一端有外伸,(××B)为两端有外伸,外伸不计入跨数。

2. 平板式筏形基础平板,其跨数及是否有外伸分别在 X,Y 两向的贯通纵筋之后表达。图面从左至右为 X 向,从下至上为 Y 向。

(3)柱下板带、跨中板带的平面注写方式。

①柱下板带 ZXB(视其为无箍筋的宽扁梁)与跨中板带 KZB 的平面注写,分集中标注与原位标注两部分内容。

②柱下板带与跨中板带的集中标注,应在第一跨(X 向为左端跨,Y 向为下端跨)引出。具体规定如下:

a. 注写编号,具体参照表5-8。

b. 注写截面尺寸,注写 $b=××××$ 表示板带宽度(在图注中注明基础平板厚度)。确定柱下板带宽度应根据规范要求与结构实际受力需要。当柱下板带宽度确定后,跨中板带宽度亦随之确定(即相邻两平行柱下板带之间的距离)。当柱下板带中心线偏离柱中心线时,应在平面图上标注其定位尺寸。

c. 注写底部与顶部贯通纵筋。注写底部贯通纵筋(B 打头)与顶部贯通纵筋(T 打头)的规格与间距,用";"将其分隔开。柱下板带的柱下区域,通常在其底部贯通纵筋的间隔内插空设有(原位注写的)底部附加非贯通纵筋。

当柱下板带的底部贯通纵筋配置从某跨开始改变时,两种不同配置的底部贯通纵筋应在两毗邻跨中配置较小跨的跨中连接区域连接(即配置较大跨的底部贯通纵筋需越过其跨数终点或起点伸至毗邻跨的跨中连接区域。具体位置参照标准构造详图。

③柱下板带与跨中板带原位标注的内容,主要为底部附加非贯通纵筋。

a. 注写内容:以一段与板带同向的中粗虚线代表附加非贯通纵筋;柱下板带:贯穿其柱下区域绘制;跨中板带:横贯柱中线绘制。在虚线上注写底部附加非贯通纵筋的编号(如①、②)、钢筋级别、直径、间距,以及自柱中线分别向两侧跨内的伸出长度值。当向两侧对称伸出时,长度值可仅在一侧标注,另一侧不注。外伸部位的伸出长度与方式按标准构造确定,设计不注。

对同一板带中底部附加非贯通筋相同者,可仅在一根钢筋上注写,其他可仅在中粗虚线上注写编号。

原位注写的底部附加非贯通纵筋与集中标注的底部贯通纵筋,宜采用"隔一布一"的方式布置,即柱下板带或跨中板带底部附加非贯通纵筋与贯通纵筋交错插空布置,其标注间距与底部贯通纵筋相同(两者实际组合的间距为各自标注间距的1/2)。

b. 注写修正内容。当在柱下板带、跨中板带上集中标注的某些内容(如截面尺寸、底部与顶部贯通纵筋)不适用于某跨或某外伸部分时,则将修正的数值原位标注在该跨或该外伸部位,施工时原位标注取值优先。

④柱下板带 ZXB 与跨中板带 KZB 的注写规定,同样适用于平板式筏形基础上局部有剪力墙的情况。

(4)平板式筏形基础平板 BPB 的平面注写方式。

①平板式筏形基础平板 BPB 的平面注写,分为集中标注与原位标注两部分内容。

基础平板 BPB 的平面注写与柱下板带 ZXB、跨中板带 KZB 的平面注写虽为不同的表达方式,但可以表达同样的内容。当整片板式筏形基础配筋比较规律时,宜采用 BPB 表达方式。

②平板式筏形基础平板 BPB 的集中标注,按表 5-8 注写编号,其他规定与梁板式筏形基础平板 LPB 贯通纵筋的集中标注相同。

当某向底部贯通纵筋或顶部贯通纵筋的配置,在跨内有两种不同间距时,先注写跨内两端的第一种间距,并在前面加注纵筋根数(以表示其分布的范围);再注写跨中部的第二种间距(不需加注根数);两者用"/"分隔。

③平板式筏形基础平板 BPB 的原位标注,主要表达横跨柱中心线下的底部附加非贯通纵筋。

a. 原位注写位置及内容。在配置相同的若干跨的第一跨,垂直于柱中线绘制一段中粗虚线代表底部附加非贯通纵筋,在虚线上的注写内容与梁板式筏形基础平板 LPB 的原位标注内容相同。

当柱中心线下的底部附加非贯通纵筋(与柱中心线正交)沿柱中心线连续若干跨配置相同时,则在该连续跨的第一跨下原位注写,且将同规格配筋连续布置的跨数注在括号内;当有些跨配置不同时,则应分别原位注写。外伸部位的底部附加非贯通纵筋应单独注写(当与跨内某筋相同时仅注写钢筋编号)。

当底部附加非贯通纵筋横向布置在跨内有两种不同间距的底部贯通纵筋区域时,其间距应分别对应为两种,其注写形式应与贯通纵筋保持一致,即先注写跨内两端的第一种间距,并在前面加注纵筋根数;再注写跨中部的第二种间距(不需加注根数);两者用"/"分隔。

b. 当某些柱中心线下的基础平板底部附加非贯通纵筋横向配置相同时(其底部、顶部的贯通纵筋可以不同),可仅在一条中心线下做原位注写,并在其他柱中心线上注明"该柱中心线下基础平板底部附加非贯通纵筋同××柱中心线"。

④平板式筏形基础平板 BPB 的平面注写规定,同样适用于平板式筏形基础上局部有剪力墙的情况。

(5)平法设计中的其他规定。

①注明板厚。当整片平板式筏形基础有不同板厚时,应分别注明各板厚值及其各自的分布范围。

②当在基础平板周边沿侧面设置纵向构造钢筋时,应在图注中注明。

③应注明基础平板外伸部位的封边方式,当采用 U 形钢筋封边时,应注明其规格、直径及间距。

④当基础平板厚度大于 2 m 时,应注明设置在基础平板中部的水平构造钢筋网。

⑤当在基础平板外伸阳角部位设置放射筋时,应注明放射筋的强度等级、直径、根数及设置方式等。

⑥板的上、下部纵筋之间设置拉筋时,应注明拉筋的强度等级、直径、双向间距等。

⑦应注明混凝土垫层厚度与强度等级。

⑧当基础平板同一层面的纵筋相交叉时,应注明何向纵筋在下,何向纵筋在上确定。

⑨设计需注明的其他内容。

## 二、筏形基础平法识图

### 1. 梁板式筏形基础构造识图

(1)梁板式筏形基础平板 LPB 钢筋构造(柱下区域)如图 5-61 所示。

**图 5-61　梁板式筏形基础平板 LPB 钢筋构造**(柱下区域)

注:基础平板同一层面的交叉纵筋,何向纵筋在下,何向纵筋在上,应按具体设计说明确定。

(2)梁板式筏形基础平板 LPB 钢筋构造(跨中区域)如图 5-62 所示。

(3)梁板式筏形基础平板 LPB 端部与外伸部位钢筋构造。

端部等截面外伸构造如图 5-63 所示。

端部变截面外伸构造如图 5-64 所示。

顶部贯通纵筋在连接区内采用搭接、机械连接或焊接。同一连接区段内接头面积百分比不宜大于50%，当钢筋长度可穿过一连接区到下一连接区并满足要求时，宜穿越设置

**图 5-62 梁板式筏形基础平板 LPB 钢筋构造（跨中区域）**

注：基础平板同一层面的交叉纵筋，何向纵筋在下，何向纵筋在上，应按具体设计说明。

**图 5-63 端部等截面外伸构造**

**图 5-64 端部变截面外伸构造**

端部无外伸构造如图 5-65 所示。

**图 5-65 端部无外伸构造**

注：1. 基础平板同一层面的交叉纵筋，何向纵筋在下，何向纵筋在上，应按具体设计说明。

2. 当梁板式筏形基础平板的变截面形式与本图不同时，其构造应由设计者设计；当要求参照本图构造方式施工时，应提供相应改动的变更说明。

3. 端部等（变）截面外伸构造中，当从基础主梁（墙）内边算起的外伸长度不满足直锚要求时，基础平板下部钢筋应伸至端部后弯折 $15d$，且从梁（墙）内边算起水平段长度应不小于 $0.6l_{ab}$。

4. 板底高差超度角可为 $45°$ 或 $60°$。

（4）梁板式筏形基础平板 LPB 变截面部位钢筋构造如图 5-66 所示。

**图 5-66　变截面部位钢筋构造**

（a）板顶有高差；（b）板顶、板底均有高差；（c）板底有高差

注：1. 基础平板同一层面的交叉纵筋，何向纵筋在下，何向纵筋在上，应按具体设计说明确定。

2. 当梁板式筏形基础平板的变截面形式与本图不同时，其构造应由设计者设计；当要求参照本图构造方式施工时，应提供相应改动的变更说明。

3. 端部等（变）截面外伸构造中，当从基础主梁（墙）内边算起的外伸长度不满足直锚要求时，基础平板下部钢筋应伸至端部后弯折 $15d$，且从梁（墙）内边算起水平段长度应不小于 $0.6l_{ab}$。

4. 板底高差坡度角 $\alpha$ 可为 $45°$ 或 $60°$。

## 2. 平板式筏形基础构造识图

（1）平板式筏形基础柱下板带 ZXB 与跨中板带 KZB 纵向钢筋构造。

平板式筏形基础柱下板带 ZXB 纵向钢筋构造如图 5-67 所示。

平板式筏形基础跨中板带 KZB 纵向钢筋构造如图 5-68 所示。

（2）平板式筏形基础平板 BPB 钢筋构造如图 5-69 所示。

**图 5-67 平板式筏形基础柱下板带 ZXB 纵向钢筋构造**

注：1. 不同配置的底部贯通纵筋，应在两邻跨中配置较小一跨的跨中连接区域连接（即配置较大一跨的底部贯通纵筋需通过其标注的跨数终点或连起点伸至毗邻跨的跨中连接区域）。

2. 底部与顶部贯通纵筋在本图所示连接区内的连接方式，详见纵筋连接通用构造。

3. 柱下板带与跨中板带的底部贯通纵筋，可在跨中 1/3 净跨长度范围内搭接、机械连接或焊接；柱下板带及跨中板带的顶部贯通纵筋，可在柱网轴线附近 1/4 净跨长度范围内采用搭接、机械连接或焊接。

4. 基础平板同一层面的交叉纵筋，何向纵筋在下，何向纵筋在上，应按具体设计说明确定。

5. 柱下板带，跨中板带中同一层面的交叉纵筋，何向纵筋在下，何向纵筋在上，应按具体设计说明确定。

**图 5-68　平板式筏形基础跨中板带 KZB 纵向钢筋构造**

注:1. 不同配置的底部贯通纵筋,应在两跨相邻跨中连接区域连接通用构造。
中连接区域)。

2. 底部与顶部贯通纵筋在本图所示连接方式,详见纵筋连接通用构造。

3. 柱下板带与跨中板带的底部贯通纵筋,可在跨中 1/3 净跨长度范围内搭接、机械连接或焊接;柱下板带及跨中板带的顶部贯通纵筋,可在柱网轴线附近 1/4 净跨长度范围内采用搭接、机械连接或焊接。

4. 基础平板同一层面的交叉纵筋,何向纵筋在上,应按具体设计说明确定。

5. 柱下板带,跨中板带中同一层面的交叉纵筋,何向纵筋在下,何向纵筋在上,应按具体设计说明确定。

**图 5-69 平板式筏形基础平板 BPB 钢筋构造**

（a）柱下区域；（b）跨中区域

（a）柱下区域，横向纵筋在下，何向纵筋在上，应按具体设计说明确定。

注：基础平板同一层面的交叉纵筋，何向纵筋在下，何向纵筋在上，应按具体设计说明确定。

（3）平板式筏形基础平板（ZXB、KZB、BPB）变截面部位钢筋构造。

变截面部位钢筋构造如图 5-70 所示。

**图 5-70　变截面部位钢筋构造**

(a)板顶有高差；(b)板顶、板底均有高差；(c)板底有高差

注：1. 本图构造规定适用于设置或未设置柱下板带和跨中板带的板式筏形基础的变截面部位的钢筋构造。
　　2. 当板式筏形基础平板的变截面形式与本图不同时，其构造应由设计者设计；当要求参照本图构造方式施工时，应
　　　提供相应改动的变更说明。
　　3. 板底高差坡度角 α 可为 45°或 60°。
　　4. 中层双向钢筋网直径不宜小于 12 mm，间距不宜大于 300 mm。

**变截面部位中层钢筋构造如图 5-71 所示。**

**图 5-71　变截面部位中层钢筋构造**

(a)板顶有高差；(b)板顶、板底均有高差；(c)板底有高差

注：1. 本图构造规定适用于设置或未设置柱下板带和跨中板带的板式筏形基础的变截面部位的钢筋构造。
　　2. 当板式筏形基础平板的变截面形式与本图不同时，其构造应由设计者设计；当要求参照本图构造方式施工时，
　　　应提供相应改动的变更说明。
　　3. 板底高差坡度角 α 可为 45°或 60°。
　　4. 中层双向钢筋网直径不宜小于 12 mm，间距不宜大于 300 mm。

(4)平板式筏形基础平板(ZXB、KZB、BPB)端部与外伸部位钢筋构造。

端部构造如图 5-72 所示。

**图 5-72　端部构造**

(a)端部无外伸构造(一)；(b)端部无外伸构造(二)；(c)端部等截面外伸构造

注：1. 端部无外伸构造(一)中，当设计指定采用墙外侧纵筋与底板纵筋搭接的做法时，基础底板下部钢筋弯折段应伸至基础顶面标高处。

2. 筏板底部非贯通纵筋伸出长度 $l'$ 应由具体工程设计决定。

板边缘侧面封边构造如图 5-73 所示。

**图 5-73　板边缘侧面封边构造**

(a)U形筋构造封边方式；(b)纵筋弯钩交错封边方式

注：1. 外伸部位变截面时侧面构造相同；

2. 板边缘侧面封边构造同样适用于梁板式筏形基础部位，采用何种做法由设计者指定，当设计者未指定时，施工单位可根据实际情况自选一种做法。

中层筋端头构造如图5-74所示。

图5-74 中层筋端头构造

# 三、筏形基础钢筋算量

## 1. 基础主梁的计算

JL01平法施工图如图5-75所示。混凝土强度等级为C30,保护层厚度 $c=$ 25 mm, $l_a=29d$,箍筋起步距离为50 mm,试计算该钢筋的工程量。

图5-75 JL01平法施工图

【解】 (1)顶部及底部贯通纵筋计算。

长度=梁长-保护层厚度×2

$\quad$=(8000+5000+7000+800-25×2)mm=20 750 mm

接头个数=(20 750/9000-1)个≈2个

(2)支座1、4底部非贯通纵筋2$\underline{\Phi}$25。

长度=自柱边缘向跨内的延伸长度+柱宽+梁包柱侧腋-保护层厚度+15$d$

$\quad$=$l_n/3+h_c+50-c+15d$

$\quad$=[(8000-800)/3+800+50-25+15×25]mm=3600 mm

(3)支座2、3底部非贯通筋2$\underline{\Phi}$25。

长度=2×自柱连缘向跨内的延伸长度+柱宽

$\quad$=2$l_n/3+h_c$

$$=[2\times[(8000-800)/3]+800]mm=5600\ mm$$

（4）箍筋长度。

外大箍筋长度$=[(300-2\times25)\times2+(500-2\times25)\times2+2\times11.9\times12]mm=1686\ mm$

内小箍筋长度$=\{[(300-2\times25-25-24)/3+25+24]\times2+(500-2\times25)\times2+2\times$
$11.9\times12\}mm\approx1418\ mm$

（5）第1、3净跨箍筋根数。

每边5根间距100 mm的箍筋，两端共10根。

跨中箍筋根数$=[(8000-800-550\times2)/200-1]$根$\approx30$根

总根数$=(10+30)$根$=40$根

（6）第2净跨箍筋根数。

每边5根间距100mm的箍筋，两端共10根。

跨中箍筋根数$=[(5000-800-550\times2)/200-1]$根$\approx15$根

总根数$=(10+15)$根$=25$根

（7）支座1、2、3、4内箍筋（节点内按跨端第一种箍筋规格布置）。

根数$=[(800-100)/100+1]=8$根

四个支座共计箍筋：$(4\times8)$根$=32$根。

（8）总梁总箍筋根数$=(40\times2+25+32)$根$=137$根

计算中的"550"是指梁端5根箍筋共500 mm宽，再加50 mm的起步距离。

**2. 基础次梁的计算**

例题　JCL01平法施工图如图5-76所示。混凝土保护层厚度$c=25$ mm，$l_a=29d$，箍筋起步距离为50 mm，试计算该钢筋的工程量。

**图 5-76　JCL01 平法施工图**

【解】（1）顶部贯通纵筋$2\underline{\Phi}25$。

锚固长度$=\max\{0.5h_c,12d\}$

$\qquad=\max\{300,12\times25\}mm=300\ mm$

长度$=$净长$+$两端锚固长度

$\qquad=(7000\times3-600+2\times300)mm=21\ 000\ mm$

接头个数＝(21 000/9000－1)个≈2 个

(2)底部贯通纵筋 4 ⊈25。

长度＝净长＋两端锚固长度

＝(7000×3－600＋29×25＋0.35×29×25)mm≈21 379 mm

接头个数＝(21 379/9000－1)≈2 个

(3)支座1、4底部非贯通筋 2 ⊈25。

支座外延伸长度＝[(7000－600)/3]mm≈2134 mm

长度＝$b_b$－c＋支座外延伸长度

＝(600－25＋2134)mm＝2709 mm($b_b$为支座宽度)

(4)支座2、3底部非贯通筋 2 ⊈25。

计算公式＝2×延伸长度＋$b_b$

＝{2×[(7000－600)/3]＋600}mm＝4867 mm

(5)箍筋长度。

长度＝{2×[(300－60)＋(500－60)]＋2×11.9×10}mm＝1598 mm

(6)箍筋根数。

三跨总箍筋根数＝{3×[(6400－100)/200＋1]}根≈98 根

### 3. 梁板式筏形基础平板 LPB 计算

例题

LPB01平法施工图如图5-77所示。钢筋保护层厚度为 40 mm,纵筋起步距离为 s/2。

**图 5-77　LPB01平法施工图**

注:外伸端采用U形封边构造,U形钢筋为⊈20@300,封边外侧部构造筋为2⊈8。

**【解】** （1）X 向板底贯通纵筋 ⊈14@200。

计算依据：左端无外伸，底部贯通纵筋伸至端部弯折 15$d$；右端外伸，采用 U 形封边方式，底部贯通纵筋伸至端部弯折 12$d$。

长度＝（7300＋6700＋7000＋6600＋1500＋400－2×40）mm＋15$d$＋12$d$

＝（7300＋6700＋7000＋6600＋1500＋400－2×40＋15×14＋12×14）mm

＝29 798 mm

接头个数＝（29 798/9000－1）个≈3 个

根数＝［（8000×2＋800－100×2）/200＋1］根＝84 根

注：取配置较大方向的底部贯通纵筋，即 X 向贯通纵筋满铺，计算根数时不扣基础梁所占宽度。

（2）Y 向板底贯通纵筋 ⊈12@200。

计算依据：两端无外伸，底部贯通纵筋伸至端部弯折 15$d$。

长度＝（8000×2＋2×400－2×40）mm＋2×15$d$

＝（8000×2＋2×400－2×40＋2×15×12）mm

＝17 080 mm

接头个数＝（17 080 /9000－1）个≈1 个

根数＝［（7300＋6700＋7000＋6600＋1500－2750）/200＋1］根≈133 根

（3）X 向板顶贯通纵筋 ⊈12@180。

计算依据：左端无外伸，顶部贯通纵筋锚入梁内 max{12$d$,0.5 梁宽}；右端外伸，采用 U 形封边方式，底部贯通纵筋伸至端部弯折 12$d$。

长度＝（7300＋6700＋7000＋6600＋1500＋400－2×40＋max{12$d$,350}）mm＋12$d$

＝（7300＋6700＋7000＋6600＋1500＋400－2×40＋max{12×12,350}＋12×12)mm

＝29 914 mm

接头个数＝（29 914/9000－1）个≈3 个

根数＝［（8000×2－600－700）/180＋1］＝83 根

（4）Y 向板顶贯通纵筋 ⊈12 @180。

计算依据：长度与 Y 向板底部贯通纵筋相同；两端无外伸，底部贯通纵筋伸至端部弯折 15$d$。

长度＝（8000×2＋2×400－2×40）mm＋2×15$d$

＝（8000×2＋2×400－2×40＋2×15×12）mm

＝17 080 mm

接头个数＝（17 080 /9000－1）个＝1 个

根数＝［（7300＋6700＋7000＋6600＋1500－2750）/180＋1］根≈148 根

(5)(1)号板底部非贯通纵筋 $\Phi$ 14@200(①轴)。

计算依据：左端无外伸，底部贯通纵筋伸至端部弯折 15$d$。

长度$=(2400+400-40)$mm$+15d$

$\qquad =(2400+400-40+15×14)$mm$=2970$ mm

根数$=[(8000×2+800-100×2)/200+1]$根$=84$ 根

(6)(2)号板底部非贯通纵筋 $\Phi$ 14@200(②、③、④轴)。

长度$=(2400×2)$mm$=4800$ mm

根数$=[(8000×2+800-100×2)/200+1]$根$=84$ 根

(7)(2)号板底部非贯通纵筋 $\Phi$ 12@200(⑤轴)。

计算依据：右端外伸，采用 U 形封边方式，底部贯通纵筋伸至端部弯折 12$d$。

长度$=(2400+1500-40)$mm$+12d$

$\qquad =(2400+1500-40+12×12)$mm$=4004$ mm

根数$=[(8000×2+800-100×2)/200+1]$根$=$ 84 根

(8)(1)号板底部非贯通纵筋 $\Phi$ 12 @200(A、B轴)。

长度$=(2700+400-40)$mm$+15d=(2700+400-40+15×12)$mm$=3240$ mm

根数$=[(7300+6700+7000+6600+1500-2750)/200+1]$根$≈133$ 根

(9)(1)号板底部非贯通纵筋 $\Phi$ 12@200(B轴)。

长度$=(2700×2)$mm$=5400$ mm

根数$=[(7300+6700+7000+6600+1500-2750)/200+1]$根$≈133$ 根

(10)U 形封边筋 $\Phi$ 20@300。

长度$=$板厚$-$上下保护层厚度$+2×15d=(500-2×40+2×15×20)$mm$=1020$ mm

根数$=[(8000×2+800-2×40)/300+1]$根$≈$ 57 根

(11)U 形封边侧部构造筋 4$\Phi$8。

长度$=(8000×2+400×2-2×40)$mm$=16$ 720 mm

构造搭接个数$=(16$ 720$/9000-1)$个$≈1$ 个

构造搭接长度$=150$ mm

# 第六章 楼梯平法识图与钢筋算量

## 第一节 楼梯平法施工图识图规则

### 一、楼梯概述

#### 1. 楼梯的类型

(1)16G101-2图集中共包含 12 种类型的楼梯,具体见表 6-1。各梯板截面形状与支座位置如图6-1~6-9所示。

表 6-1 楼梯类型

| 梯板代号 | 适用范围 | | 是否参与结构整体抗震计算 |
| --- | --- | --- | --- |
| | 抗震构造措施 | 适用结构 | |
| AT | 无 | 剪力墙、砌体结构 | 不参与 |
| BT | | | |
| CT | | | |
| DT | | | |
| ET | | | |
| FT | | | |
| GT | | | |
| ATa | 有 | 框架结构、框剪结构中框架部分 | 不参与 |
| ATb | | | |
| ATc | | | |
| CTa | | | |
| CTb | | | |

注:ATa、CTa 低端设滑动支座支承在梯梁上;ATb、CTb 低端设滑动支座支承在挑板上。

**图 6-1　AT 型楼梯截面形状与支座位置**

**图 6-2　BT 型楼梯截面形状与支座位置**

**图 6-3　CT 型楼梯截面形状与支座位置**

**图 6-4　DT 型楼梯截面形状与支座位置**

**图 6-5　ET 型楼梯截面形状与支座位置**

**图 6-6　FT 型楼梯截面形状与支座位置**

（有层间和楼层平台板的双跑楼梯）

**图 6-7　GT 型楼梯截面形状与支座位置**

（有层间平台板的双跑楼梯）

续图 6-7

（有层间平台板的双跑楼梯）

图 6-8　ATa、ATb、ATc 型楼梯截面形状与支座位置

图 6-9　CTa、CTb 型楼梯截面形状与支座位置

（2）各类楼梯的特征见表 6-2。

表 6-2　楼梯的特征

| 楼梯类型 | 特　征 |
|---|---|
| AT～ET 型板式楼梯 | （1）AT～ET 型板式楼梯代号代表一段带上、下支座的梯板。梯板的主体为踏步段，除踏步段之外，梯板可包括低端平板、高端平板及中位平板。<br>（2）AT～ET 各型梯板的截面形状如下：<br>AT 型梯板全部由踏步段构成；<br>BT 型梯板由低端平板和踏步段构成；<br>CT 型梯板由踏步段和高端平板构成；<br>DT 型梯板由低端平板、踏步板和高端平板构成；<br>ET 型梯板由低端踏步段、中位平板和高端踏步段构成。<br>（3）AT～ET 型梯板的两端分别以（低端和高端）梯梁为支座。<br>（4）AT～ET 型梯板的型号、板厚和上、下部纵向钢筋及分布钢筋等内容由设计者在平法施工图中注明。梯板上部纵向钢筋向跨内伸出的水平投影长度见相应的标准构造详图，设计不注，但设计者应予以校核；当标准构造详图规定的水平投影长度不满足具体工程要求时，应由设计者另行注明 |
| FT、GT 型板式楼梯 | （1）FT、GT 每个代号代表两跑踏步段和连接它们的楼层平板及层间平板<br>（2）FT、GT 型梯板的构成分两类：第一类，FT 型，由层间平板、踏步段和楼层平板构成；第二类，GT 型，由层间平板和踏步段构成。<br>（3）FT、GT 型梯板的支承方式如下：<br>FT 型：梯板一端的层间平板采用三边支承，另一端的楼层平板也采用三边支承；<br>GT 型：梯板一端的层间平板采用三边支承，另一端的梯板段采用单边支承（在梯梁上）；<br>FT、GT 型梯板的支承方式见表 6-3。<br>（4）FT、GT 型梯板的型号、板厚和上、下部纵向钢筋及分布钢筋等内容由设计者在平法施工图中注明。FT、GT 型平台上部横向钢筋及其外伸长度，在平面图中原位标注。梯板上部纵向钢筋向跨内伸出的水平投影长度见相应的标准构造详图，设计不注，但设计者应予以校核；当标准构造详图规定的水平投影长度不满足具体工程要求时，应由设计者另行注明 |
| ATa、ATb 型板式楼梯 | （1）ATa、ATb 型为带滑动支座的板式楼梯，梯板全部由踏步段构成，其支承方式为梯板高端均支承在梯梁上，ATa 型梯板低端带滑动支座支承在梯梁上，ATb 型梯板低端带滑动支座支承在梯梁的挑板上。<br>（2）滑动支座采用何种做法应由设计指定。滑动支座垫板可选用聚四氟乙烯板、钢板和厚度大于等于 0.5 mm 的塑料片，也可选用其他保证有效滑动的材料，其连接方式由设计者另行处理。<br>（3）ATa、ATb 型梯板采用双层双向配筋 |

续表

| 楼梯类型 | 特　征 |
|---|---|
| ATc 型板式楼梯 | （1）ATc 型梯板全部由踏步段构成，其支承方式为梯板两端均支承在梯梁上。<br><br>（2）ATc 楼梯休息平台与主体结构可连接，也可脱开。<br><br>（3）ATc 型楼梯梯板厚度应按计算确定，且不宜小于 140 mm；梯板采用双层配筋。<br><br>（4）ATc 型梯板两侧设置边缘构件（暗梁），边缘构件的宽度取 1.5 倍板厚；边缘构件纵筋数量，当抗震等级为一、二级时不少于 6 根，当抗震等级为三、四级时不少于 4 根；纵筋直径为 Φ12 且不小于梯板纵向受力钢筋的直径；箍筋直径不小于为 Φ6，间距不大于 200 mm。平台板按双层双向配筋。<br><br>（5）ATc 型楼梯作为斜撑构件，钢筋均采用符合抗震性能要求的热轧钢筋，钢筋的抗拉强度实测值与屈服强度实测值的比值不应小于 1.25；钢筋的屈服强度实测值与屈服强度标准值的比值不应小于 1.3，且钢筋在最大拉力下的总伸长率实测值不应小于 9% |
| CTa、CTb 型板式楼梯 | （1）CTa、CTb 型为带滑动支座的板式楼梯，梯板由踏步段和高端平板构成，其支承方式为梯板高端均支承在梯梁上。CTa 型梯板低端带滑动支座支承在梯梁上，CTb 型梯板低端带滑动支座支承在挑板上。<br><br>（2）滑动支座采用何种做法应由设计指定。滑动支座垫板可选用聚四氟乙烯板、钢板和厚度大于等于 0.5 mm 的塑料片，也可选用其他保证有效滑动的材料，其连接方式由设计者另行处理。<br><br>（3）CTa、CTb 型梯板采用双层双向配筋 |

**表 6-3　FT、GT 型梯板支承方式**

| 梯板类型 | 层间平板端 | 踏步段端（楼层处） | 楼层平板端 |
|---|---|---|---|
| FT | 三边支承 | — | 三边支承 |
| GT | 三边支承 | 单边支承（梯梁上） | — |

**2. 现浇混凝土板式楼梯平法施工图的表示方法**

（1）现浇混凝土板式楼梯平法施工图有平面注写、剖面注写和列表注写三种表达方式，设计者可根据工程具体情况任选一种。

与楼梯相关的平台板、梯梁、梯柱的注写方式参见 16G101-1 图集。

（2）楼梯平面布置图，应采用适当比例集中绘制，需要时绘制其剖面图。

（3）为方便施工，在集中绘制的板式楼梯平法施工图中，宜注明各结构层的楼面标高、结构层高及相应的结构层号。

## 二、平面注写方式

(1)平面注写方式,是在楼梯平面布置图上注写截面尺寸和配筋具体数值来表达楼梯施工图的方式。

平面注写方式包括集中标注和外围标注。

(2)楼梯集中标注的内容有5项,具体规定如下。

①梯板类型代号与序号,如 AT××。

②梯板厚度,注写为 $h=×××$。当为带平板的梯板且梯段板厚度和平板厚度不同时,可在梯段板厚度后面括号内以字母 P 打头注写平板厚度。

③踏步段总高度和踏步级数,之间以"/"分隔。

④梯板支座上部纵筋和下部纵筋,之间以";"分隔。

⑤梯板分布筋,以 F 打头注写分布钢筋具体值,该项也可在图中统一说明。

(3)楼梯外围标注的内容,包括楼梯间的平面尺寸、楼层结构标高、层间结构标高、楼梯的上下方向、梯板的平面几何尺寸、平台板配筋、梯梁及梯柱配筋等。

各类型楼梯的适用条件及注写要求见表 6-4。

表 6-4 各类型楼梯的适用条件及注写要求

| 楼梯类型 | 适用条件 | 注写要求 |
|---|---|---|
| AT 型楼梯 | 两梯梁之间的矩形梯板全部由踏步段构成,即踏步段两端均以梯梁为支座。凡是满足该条件的楼梯均可为 AT 型 | AT 型楼梯平面注写方式如图 6-10 所示。其中,集中注写的内容有 5 项:第 1 项为梯板类型代号与序号 AT××;第 2 项为梯板厚度 $h$;第 3 项为踏步段总高度 $H_s$/踏步级数$(m+1)$;第 4 项为上部纵筋及下部纵筋;第 5 项为梯板分布筋 |
| BT 型楼梯 | 两梯梁之间的矩形梯板由低端平板和踏步段构成,两部分的一端各自以梯梁为支座。凡是满足该条件的楼梯均可为 BT 型 | BT 型楼梯平面注写方式如图 6-11 所示。其中,集中注写的内容有 5 项:第 1 项为梯板类型代号与序号 BT××;第 2 项为梯板厚度 $h$;第 3 项为踏步段总高度 $H_s$/踏步级数$(m+1)$;第 4 项为上部纵筋及下部纵筋;第 5 项为梯板分布筋 |
| CT 型楼梯 | 两梯梁之间的矩形梯板由踏步段和高端平板构成,两部分的一端各自以梯梁为支座。凡是满足该条件的楼梯均可为 CT 型 | CT 型楼梯平面注写方式如图 6-12 所示。其中,集中注写的内容有 5 项:第 1 项为梯板类型代号与序号 CT××;第 2 项为梯板厚度 $h$;第 3 项为踏步段总高度 $H_s$/踏步级数$(m+1)$;第 4 项为上部纵筋及下部纵筋;第 5 项为梯板分布筋 |

续表

| 楼梯类型 | 适用条件 | 注写要求 |
|---|---|---|
| DT 型楼梯 | 　两梯梁之间的矩形梯板由低端平板、踏步段和高端平板构成，高、低端平板的一端各自以梯梁为支座。凡是满足该条件的楼梯均可为 DT 型 | 　DT 型楼梯平面注写方式如图 6-13 所示。其中，集中注写的内容有 5 项：第 1 项为梯板类型代号与序号 DT××；第 2 项为梯板厚度 $h$；第 3 项为踏步段总高度 $H_s$／踏步级数 $(m+1)$；第 4 项为上部纵筋及下部纵筋；第 5 项为梯板分布筋 |
| ET 型楼梯 | 　两梯梁之间的矩形梯板由低端踏步段、中位平板和高端踏步段构成，高、低端踏步段的一端各自以梯梁为支座。凡是满足该条件的楼梯均可为 ET 型 | 　ET 型楼梯平面注写方式如图 6-14 所示。其中，集中注写的内容有 5 项：第 1 项为梯板类型代号与序号 ET××；第 2 项为梯板厚度 $h$；第 3 项为踏步段总高度 $H_s$／踏步级数 $(m_l+m_h+2)$；第 4 项为上部纵筋及下部纵筋；第 5 项为梯板分布筋 |
| FT 型楼梯 | 　矩形梯板由楼层平板、两跑踏步段与层间平板三部分构成，楼梯间内不设置梯梁。<br>　楼层平板及层间平板均采用三边支承，另一边与踏步段相连。<br>　同一楼层内各踏步段的水平长相等，高度相等（即等分楼层高度）。<br>　凡是满足以上条件的可为 FT 型 | 　FT 型楼梯平面注写方式如图 6-15 所示。其中，集中注写的内容有 5 项：第 1 项梯板类型代号与序号 FT××；第 2 项梯板厚度 $h$；第 3 项踏步段总高度 $H_s$／踏步级数 $(m+1)$；第 4 项梯板上部纵筋及下部纵筋；第 5 项梯板分布筋（梯板分布钢筋也可在平面图中注写或统一说明）。原位注写的内容为楼层与层间平板上、下部横向钢筋 |
| GT 型楼梯 | 　楼梯间设置楼层梯梁，但不设置层间梯梁；矩形梯板由两跑踏步段与层间平台板两部分构成。<br>　层间平台板采用三边支承，另一边与踏步段的一端相连；层间平板采用单边支承，踏步段的另一端以楼层梯梁为支座。<br>　同一楼层内各踏步段的水平长度相等，高度相等（即等分楼层高度）。<br>　凡是满足以上条件的均可为 GT 型 | 　GT 型楼梯平面注写方式如图 6-16 所示。其中，集中注写的内容有 5 项：第 1 项梯板类型代号与序号 GT××；第 2 项梯板厚度 $h$；第 3 项踏步段总高度 $H_s$／踏步级数 $(m+1)$；第 4 项梯板上部纵筋及下部纵筋；第 5 项梯板分布筋（梯板分布钢筋也可在平面图中注写或统一说明）。原位注写的内容为楼层与层间平板上部纵向与横向配筋 |

续表

| 楼梯类型 | 适用条件 | 注写要求 |
|---|---|---|
| ATa、ATb 型楼梯 | 两梯梁之间的矩形梯板全部由踏步段构成，即踏步段两端均以梯梁为支座，ATa 型楼梯滑动支座直接落在梯梁上，ATb 型楼梯滑动支座落在挑板上。框架结构中，楼梯中间平台通常设梯柱、梁，中间平台可与框架柱连接 | ATa 型楼梯平面注写方式如图 6-17、图 6-18 所示。其中，集中注写的内容有 5 项：第 1 项为梯板类型代号与序号 ATa××（ATb××）；第 2 项为梯板厚度 $h$；第 3 项为踏步段总高度 $H_s$/踏步级数 $(m+1)$；第 4 项为上部纵筋及下部纵筋；第 5 项为梯板分布筋 |
| ATc 型楼梯 | 两梯梁之间的矩形梯板全部由踏步段构成，即踏步段两端均以梯梁为支座。框架结构中，楼梯中间平台通常设梯柱、梯梁，中间平台可与框架柱连接（2 个梯柱形式）或脱开（4 个梯柱形式） | ATc 型楼梯平面注写方式如图 6-19 所示。其中，集中注写的内容有 6 项：第 1 项为梯板类型代号与序号 ATc××；第 2 项为梯板厚度 $h$；第 3 项为踏步段总高度 $H_s$/踏步级数 $(m+1)$；第 4 项为上部纵筋及下部纵筋；第 5 项为梯板分布筋；第 6 项为边缘构件纵筋及箍筋 |
| CTa、CTb 型楼梯 | 两梯梁之间的矩形梯板由踏步段和高端平板构成，高端平板宽应不大于 3 个踏步宽，两部分的一端各自以梯梁为支座，且梯板低端支承处做成滑动支座，CTa 型楼梯滑动支座直接落在梯梁上，CTb 型楼梯滑动支座落在挑板上。框架结构中，楼梯中间平台通常设梯柱、梁中间平台可与框架柱连接 | CTa、CTb 型楼梯平面注写方式如图 6-20、图 6-21 所示。其中，集中注写的内容有 6 项：第 1 项为梯板类型代号与序号 CTa××（CTb××）；第 2 项为梯板厚度 $h$；第 3 项为梯板水平段厚度 $h_l$；第 4 项为踏步段总高度 $H_s$/踏步级数 $(m+1)$；第 5 项为上部纵筋及下部纵筋；第 6 项为梯板分布筋 |

图 6-10　AT 型楼梯平面注写方式

标高×.×××～标高×.×××楼梯平面图

**图 6-11 BT 型楼梯平面注写方式**

标高×.×××～标高×.×××楼梯平面图

**图 6-12 CT 型楼梯平面注写方式**

标高×.×××~标高×.×××楼梯平面图

**图 6-13 DT 型楼梯平面注写方式**

标高×.×××~标高×.×××楼梯平面图

**图 6-14 ET 型楼梯平面注写方式**

标高×.×××~标高×.×××楼梯平面图

(a)

标高×.×××~标高×.×××楼梯平面图

(b)

**图 6-15  FT 型楼梯平面注写方式**

(a)注写方式一；(b)注写方式二

(a)

(b)

**图6-16　GT型楼梯平面注写方式**

（a）注写方式一；（b）注写方式二

标高×.××××～标高×.××××楼梯平面图

**图 6-17 ATa 型楼梯平面注写方式**

标高×.××××～标高×.××××楼梯平面图

**图 6-18 ATb 型楼梯平面注写方式**

(a)

(b)

**图 6-19　ATc 型楼梯平面注写方式**

(a)注写方式一；(b)注写方式二

标高×.×××～标高×.×××楼梯平面图

**图 6-20　CTa 型楼梯平面注写方式**

标高×.×××～标高×.×××楼梯平面图

**图 6-21　CTb 型楼梯平面注写方式**

### 三、剖面注写方式

(1)剖面注写方式需在楼梯平法施工图中绘制楼梯平面布置图和楼梯剖面图,注写方式分平面注写、剖面注写两部分。

(2)楼梯平面布置图注写内容,包括楼梯间的平面尺寸、楼层结构标高、层间结构标高、楼梯的上下方向、梯板的平面几何尺寸、梯板类型及编号、平台板配筋、梯梁及梯柱配筋等。

(3)楼梯剖面图注写内容,包括梯板集中标注、梯梁梯柱编号、梯板水平及竖向尺寸、楼层结构标高、层间结构标高等。

(4)梯板集中标注的内容有四项,具体规定如下:

①梯板类型及编号,如 AT××。

②梯板厚度,注写为 $h=×××$。当梯板由踏步段和平板构成,且踏步段梯板厚度和平板厚度不同时,可在梯板厚度后面括号内以字母 P 打头注写平板厚度。

③梯板配筋。注明梯板上部纵筋和梯板下部纵筋,用";"将上部与下部纵筋的配筋值分隔开来。

④梯板分布筋,以 F 打头注写分布钢筋具体值,该项也可在图中统一说明。

### 四、列表注写方式

(1)列表注写方式,是用列表方式注写梯板截面尺寸和配筋具体数值来表达楼梯施工图的方式。

(2)列表注写方式的具体要求同剖面注写方式。

梯板列表格式见表 6-5。

表 6-5  梯板几何尺寸和配筋

| 梯板编号 | 踏步段总高度/踏步级数 | 板厚 $h$ | 上部纵向钢筋 | 下部纵向钢筋 | 分布筋 |
|---|---|---|---|---|---|
|  |  |  |  |  |  |
|  |  |  |  |  |  |

注:对于 ATc 型楼梯还应注明梯板两侧边缘构件纵向钢筋及箍筋。

## 第二节  楼梯平法识图

### 一、楼梯相关构造识图

(1)AT 型楼梯板配筋构造如图 6-22 所示。

**图 6-22　AT 型楼梯板配筋构造**

（2）BT 型楼梯板配筋构造如图 6-23 所示。

**图 6-23　BT 型楼梯板配筋构造**

（3）CT 型楼梯板配筋构造如图 6-24 所示。

图 6-24　CT 型楼梯板配筋构造

（4）DT 型楼梯板配筋构造如图 6-25 所示。

图 6-25　DT 型楼梯板配筋构造

（5）ET 型楼梯板配筋构造如图 6-26 所示。

**图 6-26　ET 型楼梯板配筋构造**

（6）FT 型楼梯板配筋构造如图 6-27 所示。

FT型楼梯板配筋构造（1—1剖面）

（楼层平板和层间平板均为三边支承）

**图 6-27　FT 型楼梯板配筋构造**

注：1. 上部纵筋需伸至支座对边再向下弯折。

2. 上部纵筋有条件时可直接伸入平台板内锚固，从支座内边算起总锚固不小于 $l_a$，如图中虚线所示。

3. 踏步两头高度调整见本图集第 50 页。

注: 1.图中上部纵筋锚固长度0.35$l_{ab}$用于设计按铰接的情况, 括号内数据0.6$l_{ab}$用于设计考滤充分
发挥钢筋抗拉强度的情况, 具体工程中设计应指明采用何种情况。
2.上部纵筋需伸至支座对边再向下弯折。
3.上部纵筋有条件时可值接伸入平台板内锚固, 从支座内边算起总锚固长度不小于$l$如图中
虚线所示。
4.踏步两头正式高度调整见本图案第50页。

FT型楼梯板配筋构造(2—2剖面)

(楼层平板和层间平板均为三边支承)

FT、GT型楼梯平板配筋构造(3—3剖面)

注:
1. 3—3、4—4剖面位置见本图集第33、36页。
2. 图中上部纵筋锚固长度0.35$l_{ab}$用于设计按铰接的情况, 括号内数据0.6$l_{ab}$用于设计考虑充分发挥钢筋抗拉强度的情况, 具体工程中设计应指明采用何种情况。
3. 3—3剖面上部钢筋外伸长度由设计计算确定, 其上部横向钢筋可配通长筋。

FT、GT型楼梯平板配筋构造(4—4剖面)

续图 6-27

(a)1—1剖面; (b)2—2剖面; (c)3—3剖面; (d)4—4剖面

(7)GT 型楼梯板配筋构造如图 6-28 所示（图 6-16 的剖面图）。

注：1.图中上部纵筋锚固长度0.35$l_{ab}$用于设计按铰接的情况，括号内数据0.6$l_{ab}$用于设计考虑充分发挥钢筋抗拉强度的情况，具体工程中由设计指明采用何种情况。
2.上部纵筋需伸至支座对边再向下弯折。
3.踏步两头正式高度调整见本图集第50页。

GT型楼梯板配筋构造(1—1剖面)
(层间平板为三边支承，踏步段楼层端为单边支承)

(a)

(b)

**图 6-28　GT 型楼梯板配筋构造**

FT、GT型楼梯平板配筋构造(3—3剖面)

注:
1. 3—3、4—4剖面位置见本图集第33、36页。
2. 图中上部纵筋锚固长度$0.35l_{ab}$用于设计按铰接的情况,括号内数据$0.6l_{ab}$用于设计考虑充分发挥钢筋抗拉强度的情况,具体工程中设计应指明采用何种情况。
3. 3—3剖面上部钢筋外伸长度由设计计算确定,其上部横向钢筋可配通长筋。

FT、GT型楼梯平板配筋构造(4—4剖面)

**续图 6-28**

(a)1—1剖面;(b)2—2剖面;(c)3—3剖面;(d)4—4剖面

(8)ATa 型楼梯板配筋构造如图 6-29 所示。

**图 6-29 ATa 型楼梯板配筋构造**

（9）ATb 型楼梯板配筋构造如图 6-30 所示。

**图 6-30　ATb 型楼梯板配筋构造**

（10）ATc 型楼梯板配筋构造如图 6-31 所示。

**图 6-31　ATc 型楼梯板配筋构造**

(11)CTa 型楼梯板配筋构造如图 6-32 所示。

**图 6-32　CTa 型楼梯板配筋构造**

(12)CTb 型楼梯板配筋构造如图 6-33 所示。

注:
1. 踏步两头高度调整见本图集第50页。 CTb型楼梯板配筋构造
2. $h_s$ 宜大于 $h$, 由设计指定。

**图 6-33　CTb 型楼梯板配筋构造**

# 二、楼梯平法识图实例

某楼梯平法施工图如图 6-34 所示。

图 6-34 楼梯施工图

续图 6-34（一）

(b)

**楼梯板配筋表**

| 楼梯号 | 编号 | 类型 | 板厚 t | L | $L_0$ | $L_1$ | $L_2$ | H | 级数 n | 踏步宽 b | 踏步高 h | ① | ② | ③ | ④ | ⑤ | 备注 |
|---|---|---|---|---|---|---|---|---|---|---|---|---|---|---|---|---|---|
| 楼梯 A | TB1 | A | 120 | 3300 | 2600 | — | — | 1800 | 12 | 300 | 150 | Φ12@150 | Φ12@200 | Φ12@200 | — | — | |
| | TB2 | B | 150 | 4250 | 3300 | 950 | — | 1800 | 12 | 300 | 150 | Φ12@100 | Φ12@100 | Φ12@200 | — | Φ12@100 | |
| | TB3 | D | 150 | 4250 | 3000 | 650 | 600 | 1650 | 11 | 300 | 150 | Φ12@100 | Φ12@100 | Φ12@200 | Φ12@200 | Φ12@100 | |
| | TB4 | B | 150 | 4250 | 3300 | 950 | — | 1950 | 13 | 300 | 150 | Φ12@100 | Φ12@100 | Φ12@200 | — | Φ12@100 | |
| | PB1 | E | 120 | — | — | — | — | — | — | — | — | Φ8@150 | Φ8@150 | Φ8@150 | — | — | |

**楼梯梁配筋表**

| 楼梯号 | 梁号 | b | h | 梁底筋 ① | 梁顶筋 ② | 梁箍筋 ③ |
|---|---|---|---|---|---|---|
| 楼梯 A | TL1 | 250 | 400 | 3Φ12 | 3Φ16 | Φ8@200 |

梯梁

E 平台板

(c)

**说明：**
1.楼梯混凝土强度等级：C25。
2.位于半平台处无支承的梯梁，若端部无支承，应设混凝土立柱(另详)落于楼面梁上。
3.钢筋长度尚应现场放样确定。
4.本图箍筋配合建施使用，梯级大样、扶手、预埋件详见建施图。

**续图 6-34(二)**

(a)楼梯构件详图(一);(b)楼梯构件详图(二);(c)楼梯构件详图(三)

从图 6-34 中我们可以了解以下内容：

(1)图 6-34 中的楼梯为板式楼梯，由梯段板、梯梁和平台板组成，混凝土强度等级为 C25。

(2)梯梁：从图 6-34 中得知梯梁的上表面为建筑标高减去 50 mm，断面形式均为矩形断面。如 TL1，矩形断面 250 mm×400 mm，下部纵向受力钢筋为 3⏀16，伸入墙内长度不小于 15d；上部纵向受力钢筋为 3⏀12，伸入墙内应满足锚固长度 $l_a$ 要求；箍筋⏀8@200。

(3)平台板：从图 6-34 中得知平台板上表面为建筑标高减去 50 mm，与梯梁同标高，两端支承在剪力墙和梯梁上。由图知，该工程平台板厚度 120 mm，配筋双层双向⏀8@150，下部钢筋伸入墙内长度不小于 5d；上部钢筋伸入墙内应满足锚固长度 $l_a$ 要求。

(4)楼梯板：楼梯板两端支承在梯梁上，从剖面图和平面图得知，根据形式、跨度和高差的不同，梯板分成 4 种，即 TB1～TB4。

①类型 A：下部受力筋①通长，伸入梯梁内的长度不小于 5d；下部分布筋为⏀6@200；上部筋②、③伸出梯梁的水平投影长度为 0.25 倍净跨，末端作 90°直钩顶在模板上，另一端进入梯梁内不小于锚固长度 $l_a$，并沿梁侧边弯下。

②类型 B：板倾斜段下部受力筋①通长，至板水平段板顶弯成水平，从板底弯折处起算，钢筋水平投影长度为锚固长度 $l_a$；下部分布筋为⏀6@200；上部筋②伸出梯梁的水平投影长度为 0.25 倍净跨，末端作 90°直钩顶在模板上，另一端进入梯梁内不小于锚固长度 $l_a$，并沿梁侧边弯下；上部筋③中部弯曲，既是倾斜段也是水平段的上部钢筋，其倾斜部分长度为斜梯板净跨($L_0$)的 0.2 倍，且总长的水平投影长度不小于 0.25 倍总净跨($L$)，末端作 90°直钩顶在模板上，另一端进入梯梁内不小于锚固长度 $l_a$，并沿梁侧边弯下。

③类型 D：下部受力筋①通长，在两水平段转折处弯折，分别伸入梯梁内，长度不小于 5d；板上水平段上部受力筋③至倾斜段上部板顶弯折，既是倾斜段也是上水平段的上部钢筋，其倾斜部分长度为斜梯板净跨($L_0$)的 0.2 倍，且总长的水平投影长度不小于 0.25 倍总净跨($L$)，末端作 90°直钩顶在模板上，另一端进入梯梁内不小于锚固长度 $l_a$，并沿梁侧边弯下；板上水平段下部筋⑤在靠近斜板处弯折成斜板上部筋，延伸至满足锚固长度后截断；下部分布筋为⏀6@200；板下水平段下部筋②至倾斜段上部板顶弯折，既是倾斜段也是下水平段的上部钢筋，其倾斜部分长度为斜梯板净跨($L_0$)的 0.2 倍，且总长水平投影长度不小于 0.25 倍总净跨($L$)，末端作 90°直钩顶在模板上，另一端进入下水平段板底弯折，延伸至满足锚固长度后截断；板下水平段上部筋④至斜板底面处弯折，另一端进入梯梁内不小于锚固长度 $l_a$，并沿梁侧边弯下。

# 第三节　楼梯钢筋算量

## 一、AT 型楼梯钢筋算量

### 1. AT 型楼梯板的基本尺寸数据

AT 楼梯板的基本尺寸数据：梯板净跨度 $l_n$、梯板净宽度 $b_n$、梯板厚度 $h$、踏步宽度 $b_s$、踏步

总高度 $H_s$ 和踏步高度 $h_s$。

**2. 楼梯板斜坡系数 $k$**

在钢筋计算中,经常需要通过水平投影长度计算斜长：

$$斜长＝水平投影长度×斜坡系数 k$$

其中,斜坡系数 $k$ 可以通过踏步宽度和踏步高度来进行计算,如图 6-35 所示。

$$斜坡系数 k＝sqrt(b_s b_s＋h_s h_s)/b_s$$

上述公式中的 sqrt() 为求平方根函数。

**图 6-35 斜坡系数示意**

**3. 楼梯板钢筋计算**

(1)梯板下部纵筋。

梯板下部纵筋位于 AT 踏步段斜板的下部,其计算依据为梯板净跨度 $l_n$ 梯板下部纵筋两端分别锚入高端梯梁和低端梯梁。其锚固长度为满足不小于 $5d$ 且至少伸过支座中线。

在具体计算中,可以取锚固长度 $a＝\max\{5d, b/2\}$($b$ 为支座宽度)。

根据上述分析,梯板下部纵筋的计算过程为：

①下部纵筋及分布筋长度的计算：

$$梯板下部纵筋的长度 l＝l_n×k＋2a$$

其中 $a＝\max\{5d, b/2\}$。

$$分布筋的长度＝b_n－2×保护层厚度$$

②下部纵筋及分布筋根数的计算：

$$梯板下部纵筋根数＝(b_n－2×保护层厚度)/间距＋1$$

$$分布筋根数＝(l_n×k－50×2)/间距＋1$$

(2)梯板低端扣筋。

梯板低端扣筋位于踏步段斜板的低端,扣筋的一端扣在踏步段斜板上,直钩长度为 $h_1$。扣筋的另一端伸至低端梯梁对边再向下弯折 $15d$,弯锚水平段长度不小于 $0.35l_{ab}$(不小于 $0.6l_{ab}$)。扣筋的延伸长度水平投影长度为 $l_n/4$。

根据上述分析,梯板低端扣筋的计算过程为：

①低端扣筋以及分布筋长度的计算：

$$l_1＝[l_n/4＋(b－保护层厚度)]×斜坡系数 k$$

$$l_2＝15d$$

$$h_1＝h－保护层厚度$$

$$分布筋＝b_n－2×保护层厚度$$

②低端扣筋及分布筋根数的计算：

$$梯板低端扣筋的根数＝(b_n－2×保护层厚度)/间距＋1$$

$$分布筋根数＝(l_n/4×k)/间距＋1$$

(3)梯板高端扣筋。

梯板高端扣筋位于踏步段斜板的高端,扣筋的一端扣在踏步段斜板上,直钩长度为$h_1$,扣筋的另一端锚入高端梯梁内,锚入直段长度不小于$0.4l_a$,直钩长度$l_2$为$15d$。扣筋的延伸长度水平投影长度为$l_n/4$。

根据上述分析,梯板高端扣筋的计算过程为:

①高端扣筋及分布筋长度的计算:

$$h_1＝h－保护层厚度$$

$$l_1＝[l_n/4＋(b－保护层厚度)]×斜坡系数k$$

$$l_2＝15d$$

$$分布筋＝b_n－2×保护层厚度$$

②高端扣筋及分布筋根数的计算:

$$梯板高端扣筋的根数＝(b_n－2×保护层厚度)/间距＋1$$

$$分布筋的根数＝(l_n/4×k)/间距＋1$$

注:梯板扣筋弯锚水平段"不小于$0.35l_{ab}$(不小于$0.6l_{ab}$)"为验算"弯锚水平段$(b－保护层厚度)×斜坡系数k$"的条件。

AT3 楼梯平面布置如图 6-36 所示。其中支座宽度为 200 mm,保护层厚度为 15 mm。

▽3.570~▽5.370楼梯平面图

**图6-36 AT3 楼梯平面布置图**

【解】 (1)根据图 6-36，可知 AT3 楼梯板的基本尺寸数据。

梯板净跨度 $l_n = 3080$ mm

梯板净宽度 $b_n = 1600$ mm

梯板厚度 $h = 120$ mm

踏步宽度 $b_s = 280$ mm

踏步总高度 $H_s = 1800$ mm

踏步高度 $h_s = (1800/12)$ mm $= 150$ mm

楼层平板和层间平板长度 $= (1600 \times 2 + 150)$ mm $= 3350$ mm

(2)斜坡系数 $k$ 的计算。

斜坡系数 $k = \mathrm{sqrt}(b_s \times b_s + h_s \times h_s)/b_s$

$\qquad = \mathrm{sqrt}(280 \times 280 + 150 \times 150)/280 = 1.134$

(3)楼梯下部纵筋的计算。

下部纵筋及分布筋长度的计算：

$a = \max\{5d, b/2\}$

$\quad = \max\{5 \times 12, 200/2\} = 100$ mm

梯板下部纵筋长度 $l = l_n \times k + 2a$

$\qquad\qquad = (3080 \times 1.134 + 2 \times 100)$ mm $= 3692.72$ mm

分布筋的长度 $= b_n - 2 \times$ 保护层厚度

$\qquad\qquad = (1600 - 2 \times 15)$ mm $= 1570$ mm

梯板下部纵筋根数 $= [(b_n - 2 \times$ 保护层厚度$)/$间距$+1]$根

$\qquad\qquad = [(1600 - 2 \times 15)/150 + 1]$根 $\approx 12$ 根

分布筋根数 $= (l_n \times k - 50 \times 2)/$间距$+1$

$\qquad\qquad = [(3080 \times 1.134 - 100)/250 + 1]$根 $\approx 15$ 根

(4)梯板低端扣筋的计算。

$l_1 = [l_n/4 + (b - $保护层厚度$)] \times k$

$\quad = \{[3080/4 + (200 - 15) \times 1.134\}$ mm $= 1082.97$ mm

$l_2 = 15d$

$\quad = (15 \times 10)$ mm $= 150$ mm

$h_1 = h - $保护层厚度

$\quad = (120 - 15)$ mm $= 105$ mm

梯板低端扣筋的根数 $= [(b_n - 2 \times$ 保护层厚度$)/$间距$+1]$根

$\qquad\qquad = [(1600 - 2 \times 15)/200 + 1]$根 $\approx 9$ 根

分布筋根数 $= (l_n/4 \times k)/$间距$+1$

$\qquad\qquad = [(3080/4 \times 1.134)/250 + 1]$根 $\approx 5$ 根

(5)梯板高端扣筋的计算。

$h_1 = h -$ 保护层厚度

$\quad = (120 - 15) \text{mm} = 105 \text{ mm}$

$l_1 = [l_n/4 + (b -$ 保护层厚度$)] \times k$

$\quad = \{[3080/4 + (200 - 15)] \times 1.134\} \text{mm} = 1082.97 \text{ mm}$

$l_2 = 15d$

$\quad = (15 \times 10) \text{mm} = 150 \text{ mm}$

分布筋 $= b_n - 2 \times$ 保护层厚度

$\qquad = (1600 - 2 \times 15) \text{mm} = 1570 \text{ mm}$

梯板高端扣筋的根数 $= [(b_n - 2 \times$ 保护层厚度$)/$间距$+1]$根

$\qquad\qquad = [(1600 - 2 \times 15)/200 + 1]$根$\approx 9$ 根

分布筋根数 $= [(l_n/4 \times k)/$间距$+1]$根

$\qquad = [(3080/4 \times 1.134)/250 + 1]$根$\approx 5$ 根

注：上面只计算了一跑 AT3 的钢筋，一个楼梯间有两跑 AT3，就把上述的钢筋数量乘以 2。

## 二、ATc 型楼梯钢筋算量

### 1. ATc 型楼梯板的基本尺寸数据

AT 楼梯板的基本尺寸数据：梯板净跨度 $l_n$、梯板净宽度 $b_n$、梯板厚度 $h$、踏步宽度 $b_s$、踏步总高度 $H_s$ 和踏步高度 $h_s$。

### 2. 楼梯板斜坡系数 $k$

楼梯板钢筋计算中用到的斜坡系数 $k$，计算方法同 AT 型楼梯。

### 3. 楼梯钢筋计算

(1)ATc 楼梯板下部纵筋和上部纵筋。

$$\text{下部纵筋长度 } l = 15d + (b - \text{保护层厚度} + l_{sn}) \times k + l_{aE}$$

$$\text{下部纵筋范围} = b_n - 2 \times 1.5h$$

$$\text{下部纵筋根数} = (b_n - 2 \times 1.5h)/\text{间距}$$

上部纵筋的计算方式同下部纵筋。

(2)梯板分布筋。

$$\text{分布筋的水平段长度} = b_n - 2 \times \text{保护层厚度}$$

$$\text{分布筋的直钩长度} = h - 2 \times \text{保护层厚度}$$

$$\text{分布筋设置范围} = l_{sn} \times k$$

$$\text{分布筋根数} = (l_{sn} \times k)/\text{间距}$$

(3)梯板拉结筋。

$$拉结筋长度=h-2\times 保护层厚度+2\times 拉筋直径$$

$$拉结筋根数=(l_{sn}\times k)/间距$$

(4)梯板暗梁箍筋。

由 ATc 型板式楼梯的特征我们可知,梯板暗梁箍筋为Ф6@200。

$$箍筋宽度=1.5h-保护层厚度-2d$$

$$箍筋高度=h-2\times 保护层厚度-2d$$

$$箍筋分布范围=l_{sn}\times k$$

$$箍筋根数=(l_{sn}\times k)/间距$$

**例题** ATc3 平面布置如图 6-37 所示。混凝土强度为 C30,抗震等级为一级,梯梁宽度为 200 mm。

图 6-37　ATc3 平面布置图

【解】　(1)ATc3 楼梯板的基本尺寸数据。

梯板净跨度 $l_n=2800$ mm

梯板净宽度 $b_n=1600$ mm

梯板厚度 $h=120$ mm

踏步宽度 $b_s=280$ mm

踏步总高度 $H_s=1650$ mm

踏步高度 $h_s=(1650/11)$ mm$=150$ mm

(2)斜坡系数 $k$ 的计算。

斜坡系数 $k=\mathrm{sqrt}(b_s\times b_s+h_s\times h_s)/b_s$

$$=\text{sqrt}(280\times280+150\times150)/280=1.134$$

(3)ATc楼梯板下部纵筋和上部纵筋。

$$下部纵筋长度\ l=15d+(b-保护层厚度+l_{sn})\times k+l_{aE}$$
$$=[15\times12+(200-15+2800)\times1.134+40\times12]\text{mm}=4045\text{ mm}$$

$$下部纵筋范围=b_n-2\times1.5h$$
$$=(1600-2\times1.5\times150)\text{mm}=1150\text{ mm}$$

$$下部纵筋根数=(b_n-2\times1.5h)/间距$$
$$=(1150/150)根\approx8\text{ 根}$$

上部纵筋的计算方式同下部纵筋。

(4)梯板分布筋。

$$分布筋的水平段长度=b_n-2\times保护层厚度$$
$$=(1600-2\times15)\text{mm}=1570\text{ mm}$$

$$分布筋的直钩长度=h-2\times保护层厚度$$
$$=(150-2\times15)\text{mm}=120\text{ mm}$$

$$分布筋每根长度=(1570+2\times120)\text{mm}=1790\text{ mm}$$

$$分布筋设置范围=l_{sn}\times k$$
$$=(2800\times1.134)\text{mm}=3175\text{mm}$$

$$上部纵筋分布筋根数=(l_{sn}\times k)/间距$$
$$=(3175/200)根\approx16\text{ 根}$$

$$上下纵筋的分布筋总数=(2\times16)根=32\text{ 根}$$

(5)梯板拉结筋。

由16G101-2图集可知,梯板拉结筋中6,间距为600 mm。

$$拉结筋长度=h-2\times保护层厚度+2\times拉筋直径$$
$$=(150-2\times15+2\times6)\text{mm}=132\text{ mm}$$

$$拉结筋根数=(l_{sn}\times k)/间距$$
$$=(3175/600)根\approx6\text{ 根}$$

$$拉结筋总根数=(8\times6)根=48\text{ 根}$$

(6)梯板暗梁箍筋。

$$箍筋宽度=1.5h-保护层厚度-2d$$
$$=(1.5\times150-15-2\times6)\text{mm}=198\text{ mm}$$

$$箍筋高度=h-2\times保护层厚度-2d$$
$$=(150-2\times15-2\times6)\text{mm}=108\text{ mm}$$

$$箍筋每根长度=[(198+108)\times2+26\times6]\text{mm}=768\text{ mm}$$

$$箍筋分布范围=l_{sn}\times k$$

$$=(2800\times1.134)\text{mm}=3175\text{ mm}$$

箍筋根数$=(l_{sn}\times k)/$间距

$$=(3175/200)根\approx16根$$

两道暗梁的箍筋根数$=(2\times16)根=32根$

注：上面只计算了一跑 ATc3 的钢筋，一个楼梯间有两跑 ATc3，就把上述的钢筋数量乘以 2。

其他类型楼梯钢筋的计算与 AT 型楼梯、ATc 型楼梯类似，可参照其算法。

# 第七章 某框架结构平法施工图识图实例

## 第一节 结构设计总说明

### 一、工程概况及结构设计控制参数

(1)本建筑物为现浇钢筋混凝土框架结构,地上3层。

(2)本建筑物结构使用年限50年,安全等级为二级,抗震设防烈度为8度(设计地震分组为第一组,设计地震基本加速度0.2g),场地类别为乙类,建筑抗震设防类别为乙类,抗震等级为一级,地基基础设计等级为三级。

(3)未经技术鉴定或设计许可,不得改变结构的用途和使用环境。

(4)±0.000相当于绝对标高为42.750 m,场地标准冻深0.8 m。

(5)根据地质勘查报告,抗浮设计水位标高为32.330 m。本工程基础底板在抗浮水位以上,不考虑抗浮。

(6)本设计图中,除标高单位为米(m)外,其余均以毫米(mm)为单位。

(7)本说明为总体设计说明,设计图另有要求的,按图纸要求执行。

**导读**

通过工程概况,可以了解建筑物层数、结构使用年限、安全等级、场地冻土深度及±0.000绝对标高等。看图时,首先应了解这些内容。

### 二、设计依据

(1)《建筑结构可靠度设计统一标准》(GB 50068—2001)。

(2)《建筑结构荷载规范》(GB 50009—2012)。

(3)《北京地区建筑地基基础勘察设计规范》(DB J11—501—2009)。

(4)《建筑地基基础设计规范》(GB 50007—2011)。

(5)《建筑抗震设计规范》(GB 50011—2010)。

(6)《混凝土结构设计规范(2015 年版)》(GB 50010—2010)。

(7)《地下工程防水技术规范》(GB 50108—2008)。

(8)《建筑工程抗震设防分类标准》(GB 50223—2008)。

## 三、设计荷载

(1)基本风压:0.45 kN/m²。

(2)基本雪压:0.40 kN/m²。

(3)办公室:2.0 kN/m²。

(4)诊断室:2.0 kN/m²。

(5)卫生间:2.0 kN/m²。

(6)阳台及平台:3.5 kN/m²。

(7)楼梯:3.5 kN/m²。

(8)不上人屋面:0.5 kN/m²。

(9)上人屋面:2.0 kN/m²。

注:使用过程中严禁超载;楼、地面使用荷载及施工堆载不得超过上述限值。

## 四、地基基础

(1)根据勘察设计院提供的本建筑物岩土工程勘察报告,本建筑物场地工程地质条件为:
本建筑物场地地基土主要由新近沉积和一般第四纪沉积土组成,自上而下分别为:

②$_1$砂质粉土:$f_{ak}=140$ kPa,$E_s=12$ MPa。

②粉砂:$f_{ak}=140$ kPa,$E_s=18$ MPa。

③$_1$粉质黏土:$f_{ak}=150$ kPa,$E_s=7$ MPa。

③黏质粉土:$f_{ak}=160$ kPa,$E_s=9$ MPa。

③$_2$粉质黏土:$f_{ak}=140$ kPa,$E_s=6$ MPa。

④细砂:$f_{ak}=200$ kPa,$E_s=25$ MPa。

本建筑物基础持力层为②粉砂层,地基承载力特征值为:$f_{ak}=140$ kPa。

(2)基坑开挖采用机械开挖时,挖至基底设计标高以上 300 mm 时即应停止,由人工挖掘整平。基础施工后,应及时回填土,回填土应分层回填压实。

(3)基坑开槽后应会同各有关单位验槽,确认地基实际情况与设计取值相符后方可继续施工。

(4)基础采用柱下独立基础。

**导读** 🔧

**地勘报告是结构设计人员进行基础形式设计的依据,也是地基验槽时的依据。看地勘报**

告主要看以下几点:第一,直接看结语和建议中的持力层土质、地基承载力特征值和地基类型及基础建议砌筑标高;第二,结合钻探点看懂地质剖面图,并进一步确定基础埋深;第三,重点看结束语中存在饱和砂土和饱和粉土的地基,是否有液化判别;第四,重点看两个水位,即历年来地下水的最高水位和抗浮水位;第五,特别扫描一下结语或建议中定性的警示语句,并且必要时把它加到基础说明中去;第六,特别扫描一下结语中场地类型、覆土厚度。

## 五、主要材料

(1)本工程地面以下及地上外露构件环境类别为二 b 类,地面以上(外露构件除外)环境类别为一类,混凝土耐久性应满足相应规范要求。

(2)混凝土强度等级见表 7-1。

表 7-1　混凝土强度等级

| 构件 \ 楼层 | 地上各层 | 备注 |
|---|---|---|
| | 强度等级 | |
| 框架注 | C30 | |
| 框架梁 | C30 | |
| 楼梯及其他 | C30 | |
| 基础及基础梁 | C30 | |
| 垫层 | C10 | |

(3)钢筋:钢筋采用 HPB300(Φ)、HRB335(Φ)、HRB400(Φ)。

①钢筋抗拉强度设计值分别为:HPB300—270N/mm²;HRB335—300N/mm²;HRB400—360N/mm²。

②钢筋抗压强度设计值分别为:HPB300—270N/mm²;HRB335—300N/mm²;HRB400—360N/mm²。

框架结构中纵向受力钢筋的选用,除符合以上两条外,其检验所得强度实测值尚应符合下列要求:钢筋的抗拉强度实测值与屈服强度实测值的比值不应小于1.25;钢筋的屈服强度实测值与钢筋的强度标准值的比值不应大于1.3;且钢筋在最大拉力下的总伸长率实测值不应小于9%。

钢筋的检验方法应符合国家现行标准《混凝土结构工程施工质量验收规范》(GB 50204—2015)的规定。

③吊钩均采用 HPB300(Φ)钢筋,且严禁使用冷加工钢筋。

④焊条:HPB300 钢筋之间焊接采用 E43 系列,HRB335、HRB400 钢筋之间焊接采用 E50 系列,钢板与钢筋之间采用 E43 系列,型钢与钢筋之间焊接采用 E50 系列。

## 六、钢筋混凝土构造

钢筋混凝土构造如图 7-1 所示。

（1）钢筋混凝土保护层厚度见表 7-2。

表 7-2　钢筋的混凝土保护层厚度 （单位：mm）

| 名称 | 厚度 |
| --- | --- |
| 基础下部钢筋 | 40 |
| 基础梁钢筋 | 35 |
| 框架柱 | 地面以下 35；地面以上 30 |
| 框架梁及楼、屋面梁 | 地面以下 35；地面以上 25 |
| 楼板及楼梯板钢筋 | 15 |
| 雨篷挑板上部钢筋 | 25 |

注：以上钢筋的混凝土保护层厚度同时应不小于该受力钢筋的公称直径。

（2）钢筋锚固及连接。

本工程中，钢筋直径大于 20 mm 的钢筋应采用机械连接或焊接。钢筋直径 20 mm 时除注明者外可采用搭接，钢筋锚固及搭接长度见 16G101－1 图集，第 53 页。

（3）柱下独立基础。

有关独立基础的构造要求，除图中注明者外，其余均见 16G101－3 图集。

（4）框架梁、柱。

①框架梁、柱的构造要求除图中注明者外，均见 16G101－1 图集。

②梁腹板预留孔洞时的加强做法，如图 7-1（一）所示。

③屋面折梁在转折处的做法，如图 7-1（二）所示。

④楼、屋面次梁与主梁连接处，除具体设计注明者外，其附加钢筋如图 7-1（三）所示。

（5）现浇楼板。

①现浇楼板内钢筋搭接时，连接区段长度为 1.3 倍搭接长度；采用焊接连接或机械连接时，连接区段为 35d。板内钢筋连接时，下层钢筋连接在支座，上层钢筋连接在跨中，同一连接区段内钢筋接头数量不得超过该区段受拉钢筋总数的 25%，且相邻接头距离错开不得小于相应连接区段长度。

②板内分布钢筋除图中注明者外均按表 7-3 选用。

表 7-3　板内分布钢筋选用 （单位：mm）

| 板厚 $h$ | $h \leqslant 90$ | $90 < h \leqslant 170$ | $170 < h \leqslant 220$ | $220 < h \leqslant 260$ |
| --- | --- | --- | --- | --- |
| 分布钢筋 | $\Phi 6@200$ | $\Phi 8@200$ | $\Phi 8@150$ | $\Phi 10@200$ |

导读

此表格是楼板分布钢筋的表格,分布钢筋的直径及间距与楼板厚度一一对应。看图时,不同的板厚根据此表找相应的钢筋即可。

③墙及楼板上的预留洞及预埋管件除图中注明者外,其余均应配合各专业图纸预留或预埋,不得后剔凿。预留洞口边长或直径不大于 300 mm 时,板或墙内钢筋不得切断,可绕过洞口。预留洞口边长或直径为 300 mm<$b$≤800 mm 时,应按图 7-1(四)、(五)及具体图纸中的做法在洞边附加钢筋。

④管道井内局部楼板混凝土可后浇(钢筋不断),待管道安装完毕后,所有洞口均应用与本层同强度混凝土将洞口填实。

⑤墙体阳角处的各层楼板(即墙体凸入楼板内的地方),应设置放射状上铁,如图 7-1(六)所示。

⑥屋面折板在转折处的做法,如图 7-1(七)所示。

⑦屋面挑檐板转角处的上部受力钢筋做法,如图 7-1(八)所示。

## 七、隔墙、填充墙

(1)砌体结构施工质量控制等级不应低于 B 级。

(2)建筑隔墙或填充墙所用砌块为大孔轻骨料砌块,其容重应不大于 10 kN／m³。

(3)后砌隔墙或填充墙做法见图集《大孔轻集料砌块填充墙》(88JZ18)及《建筑物抗震构造详图》(11G329-1)。

(4)钢筋混凝土构造柱、芯柱应先砌墙后浇筑,构造柱、芯柱、水平系梁及过梁的混凝土强度等级不应低于 C20。

(5)隔墙或填充墙洞口上部设置过梁的做法见图集《大孔轻集料砌块填充墙》(88JZ18),内外墙过梁配筋见过梁表。

①内隔墙或内填充墙洞口上部过梁与现浇的水平系梁结合设置。

②外填充墙洞口上部如需设置过梁可与通长的水平系梁结合设置。

导读

建筑隔墙及填充墙均属于二次结构范畴。重点应看设计人员选用的图集标准,很多构造做法,设计人员在图纸中是不注明的,需要查图集才能明白。填充墙不属于结构受力构件,只承担自重及自身的稳定性。墙体中需要设置构造柱及拉结筋等构造措施。

## 八、其他

(1)楼梯所需预埋件均详见建筑图。

(2)本建筑物防雷做法配合电气图纸施工。

（3）设备基础应待设备订货并与相关设计图纸核对无误后方可施工。未定设备的基础做法应待设备确定后另行补充设计图纸。

（4）现浇钢筋混凝土挑檐或女儿墙每隔 12 m 设置温度缝，做法如图 7-1（九）所示。

# 第二节　基础图

基础平面布置图、基础拉梁配筋图及其讲解分别如图 7-3～图 7-9 所示。

# 第三节　各构件平法施工图

各构件平法施工图及其讲解如图 7-10～图 7-36 所示。

# 第四节　楼梯详图

楼梯详图及其讲解如图 7-37～图 7-40 所示。

**图 7-1 各部件做法详图**

图 7-2　各部件做法详图讲解

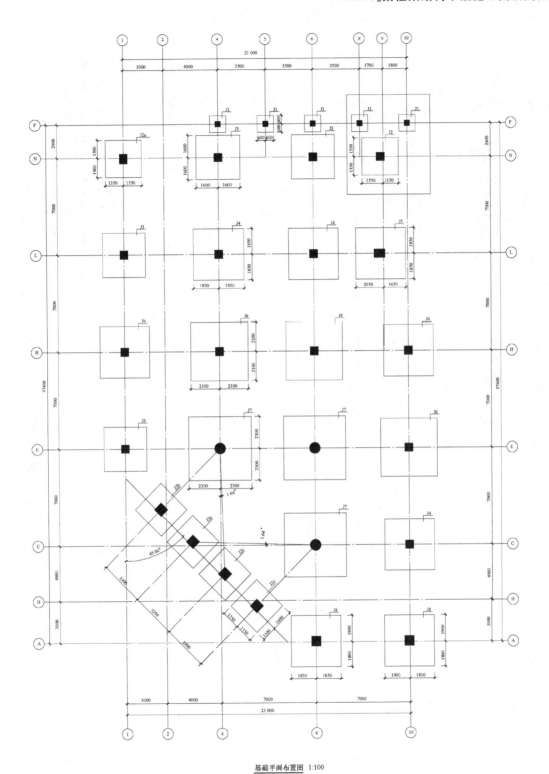

基础平面布置图 1:100

图 7-3 基础平面布置图

**图 7-4 基础平面布置图讲解（一）**

导读：

独立基础是柱个或局部结构下的无筋或配筋基础，一般地指独立构柱基。

独立基础分为阶形基础、坡形基础、杯形基础3种。

独立基础的特点：一般只单落在一个十字轴线的交点上，有时也跟其他基条形基础相连，但只是截面中几少和配筋不足相同。独立基础如果半落在几个轴线交点上或线几个独立柱，叫作联合独立基础。

注1详解：

框架柱钢筋深入基础底弯折水平约折300 mm。

基础高度范围内采用Φ8箍筋，基础上下各用一个。

1、2号钢筋为板底板受力钢筋，短向钢筋在下边，长向钢筋在上边。

柱下独立基础混凝土垫层厚为100 mm，垫层每边伸出片基础100 mm。

此图为柱下独立柱础平面详图，此基础为作形基础。

此50 mm平台，主要为柱下支模板时使用。

独立基础大样类型一 1:30

1-1 1:30

注2详解：

此图为没有柱础联结梁的情况下，室内隔墙与柱础做法，有柱础联结梁时，隔墙砌筑在拉梁上。

墙厚

500

500

45°

±0.000

基础加强带高度详见

内墙暗梁柱基础

**图 7-5　基础平面布置图讲解（二）**

基础拉梁配筋图 1:100

DL挑边大样

电梯基坑大样

图 7-6 基础拉梁配筋图

注：1. 除特殊注明外，梁顶标高为—0.100。
2. 图中未注明梁定位为轴线居中。

注1详解:

此处代表梁支座上铁为:3ⅹ16。
其中两根通长,一根为附加

DL5(3) 200×500:代表基础拉梁为三跨。截面尺寸为:梁宽200 mm,梁高500 mm。其中DL代表基础拉梁。
Φ10@100/200(2):代表梁箍筋钢筋级别为一级钢筋,箍筋直径为10 mm。加密区箍筋间距为:100 mm。非加密区箍筋间距为:200 mm。箍筋肢数为双肢箍。
2ⅹ16;2ⅹ16:代表梁上铁为2ⅹ16通长布置,梁下铁为2ⅹ16通长布置。
G4Φ8:代表腰筋为4Φ8,每侧两根,其中Φ代表一级钢

DL5(3)左端第一跨详图 1:30

图7-7 基础拉梁配筋图讲解(一)

注2详解:

DL9(1A) 250×500:代表基础拉梁为一跨且一端悬挑。截面尺寸为:梁宽250 mm,梁高500 mm。其中DL代表基础拉梁。
Φ10@100/200(2):代表梁箍筋钢筋级别为一级钢筋。箍筋直径为10 mm。加密区箍筋间距为:100 mm。非加密区箍筋间距为:200 mm。箍筋肢数为双肢箍。
2ⅹ16;4ⅹ16:代表梁上钢筋为2ⅹ16通长布置。梁下钢筋为4ⅹ16通长布置。
G4Φ10:代表腰筋为4Φ10,每侧2根,其中Φ代表一级钢。

DL9(1A)详图 1:30

图7-8 基础拉梁配筋图讲解(二)

注3详解：

DL12(1) 250×500 :代表基础拉梁为一跨。截面尺寸：梁宽250 mm,梁高500 mm。其中DL代表基础拉梁。

Φ8@200(2):代表梁箍筋钢筋级别为一级钢筋。箍筋直径为8 mm。箍筋间距为200 mm。箍筋肢数为双肢箍。

3Φ16;9Φ18 4/5:代表梁上铁为3Φ16通长布置。梁下钢筋为9Φ18通长布置。

G4Φ10:代表腰筋为4Φ10,每侧2根，其中Φ代表一级钢。

DL12(1)详图 1:30

1-1  1:30          2-2  1:30          3-3  1:30

**图 7-9  基础拉梁配筋图讲解(三)**

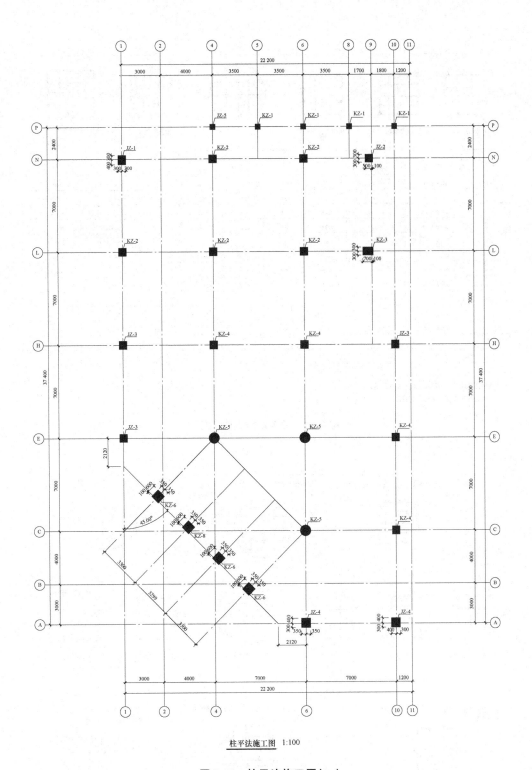

柱平法施工图 1:100

**图7-10 柱平法施工图(一)**

注1

| 柱号 | 标高 | b×h (即柱直径D) | 全部纵筋 | 角筋 | b边一侧中部筋 | h边一侧中部筋 | 箍筋类型号 | 箍筋 | 核心区箍筋 |
|---|---|---|---|---|---|---|---|---|---|
| KZ1 | 基础顶~4.400 | 400×400 | 12Φ22 | 4Φ22 | 2Φ22 | 2Φ22 | 1 | Φ10@100/200 | Φ10@100 |
| KZ2 | 基础顶~7.700 | 600×600 | 16Φ25 | 4Φ25 | 3Φ25 | 3Φ25 | 2 | Φ10@100/200 | Φ12@100 |
| KZ3 | 基础顶~7.700 | 800×600 | 20Φ25 | 4Φ25 | 4Φ25 | 4Φ25 | 3 | Φ10@100/200 | Φ14@100 |
| KZ4 | 基础顶~11.000 | 600×600 | 20Φ25 | 4Φ25 | 4Φ25 | 4Φ25 | 3 | Φ10@100/200 | Φ12@100 |
| KZ5 | 基础顶~11.000 | D =800 | 16Φ25 | | | | 4 | Φ10@100/200 | Φ12@100 |
| KZ6 | 基础顶~11.000 | 700×700 | 24Φ25 | 4Φ25 | 5Φ25 | 5Φ25 | 5 | Φ10@100/200 | Φ14@100 |
| JZ1 | 基础顶~7.700 | 600×700 | 16Φ25 | 4Φ25 | 3Φ25 | 3Φ25 | 2 | Φ10@100 | Φ10@100 |
| JZ2 | 基础顶~7.700 | 600×600 | 16Φ25 | 4Φ25 | 3Φ25 | 3Φ25 | 2 | Φ10@100 | Φ10@100 |
| JZ3 | 基础顶~11.000 | 600×600 | 20Φ25 | 4Φ25 | 4Φ25 | 4Φ25 | 3 | Φ10@100 | Φ10@100 |
| JZ4 | 基础顶~11.000 | 700×700 | 28Φ25 | 4Φ25 | 6Φ25 | 6Φ25 | 6 | Φ10@100 | Φ10@100 |
| JZ5 | 基础顶~4.400 | 400×400 | 12Φ22 | 4Φ22 | 2Φ22 | 2Φ22 | 1 | Φ10@100 | Φ10@100 |

注：
1.除特殊注明外，框架柱定位为轴线居中；
2.框架柱构造做法详见16G101-1图集。

注2

**图7-11　柱平法施工图(二)**

注1详解：

**图7-12　柱平法施工图讲解(一)**

注2详解：

此处为框架柱编号，需要与平面图相互对应

表示框架柱的高度为从基础顶面到4.4 m

表示框架柱的截面尺寸，宽度和高度均为400 mm

| 柱号 | 标高 | b×h (圆柱直径D) | 全部纵筋 | 角筋 | b边一侧中部筋 | h边一侧中部筋 | 箍筋类型号 | 箍筋 | 核心区箍筋 |
|---|---|---|---|---|---|---|---|---|---|
| KZ1 | 基础顶~4.400 | 400×400 | 12Φ22 | 4Φ22 | 2Φ22 | 2Φ22 | 1 | Φ10@100/200 | Φ10@100 |
| KZ2 | 基础顶~7.700 | 600×600 | 16Φ25 | 4Φ25 | 3Φ25 | 3Φ25 | 2 | Φ10@100/200 | Φ12@100 |
| KZ3 | 基础顶~7.700 | 800×600 | 20Φ25 | 4Φ25 | 4Φ25 | 4Φ25 | 3 | Φ10@100/200 | Φ14@100 |
| KZ4 | 基础顶~11.000 | 800×600 | 20Φ25 | 4Φ25 | 4Φ25 | 4Φ25 | 3 | Φ10@100/200 | Φ12@100 |
| KZ5 | 基础顶~11.000 | D=800 | 16Φ25 | | | | 4 | Φ10@100/200 | Φ14@100 |
| KZ6 | 基础顶~11.000 | 700×700 | 22Φ25 | 4Φ25 | 5Φ25 | 5Φ25 | 5 | Φ10@100/200 | Φ10@100 |
| JZ1 | 基础顶~7.700 | 600×700 | 16Φ25 | 4Φ25 | 3Φ25 | 3Φ25 | 2 | Φ10@100 | Φ10@100 |
| JZ2 | 基础顶~7.700 | 600×600 | 16Φ25 | 4Φ25 | 4Φ25 | 4Φ25 | 2 | Φ10@100 | Φ10@100 |
| JZ3 | 基础顶~11.000 | 600×600 | 20Φ25 | 4Φ25 | 4Φ25 | 4Φ25 | 3 | Φ10@100 | Φ10@100 |
| JZ4 | 基础顶~11.000 | 700×700 | 22Φ25 | 4Φ25 | 6Φ25 | 6Φ25 | 6 | Φ10@100 | Φ10@100 |
| JZ5 | 基础顶~4.400 | 400×400 | 12Φ22 | 4Φ22 | 2Φ22 | 2Φ22 | 1 | Φ10@100 | Φ10@100 |

表示框架柱的全部纵向钢筋为12根直径为22 mm的三级钢。如下图所示：

表示框架柱的四角纵向钢筋为4根直径为22 mm的三级钢。如下图所示：

表示框架柱的b边一侧中部纵筋为2根直径为22 mm的三级钢。如下图所示：

表示框架柱的h边一侧中部钢筋为2根直径为22 mm的三级钢。如下图所示：

表示框架柱的箍筋直径为10 mm，箍筋间距为100 mm

表示框架柱的b边一侧中部钢筋为2根直径为22 mm的三级钢。如下图所示：

图7-13　柱平法施工图讲解（二）

首层梁配筋图　1:100

注:
1.除特殊注明外，梁顶标高为4.400 m。
2.图中未注明梁定位为轴线居中。
3.主次梁相交处应在主梁上次梁两侧设附加箍筋，每侧3根，直径及肢数同主梁箍筋，主次梁交接处，附加吊筋、箍筋做法详见16G101-1图集。

**图7-14　首层梁配筋图**

注1详解:

KL4(3A) 250×600:代表框架梁为三跨其中一端悬挑。截面尺寸为:梁宽250 mm,梁高600 mm。其中KL代表框架梁。

φ10@100/200(2):代表梁箍筋钢筋级别为一级钢筋,箍筋直径为10 mm。加密区箍筋间距为:100 mm。非加密区箍筋间距为:200 mm。箍筋肢数为双肢箍。

2Φ22:代表梁上铁为2Φ22通长布置。

G4φ10:代表腰筋为4φ10每侧两根,其中φ代表一级钢。

KL4(3A) 左端第一跨详图 1:30

1-1 1:30    2-2 1:30    3-3 1:30

**图 7-15 首层梁配筋图讲解(一)**

KL4(3A) 左端第二跨详图 1:30

1-1 1:30    2-2 1:30    3-3 1:30

**图 7-16 首层梁配筋图讲解(二)**

KL4(3A) 左端第三跨详图 1:30

1-1  1:30        2-2  1:30        3-3  1:30        4-4  1:30

**图 7-17　首层梁配筋图讲解（三）**

注2详解：

此处代表梁支座上铁为:7单22。
其中上排4根，下排3根

KL5(3) 250×600 :代表框架梁为三跨。截面尺寸为：梁宽250 mm，梁高600 mm 其中KL代表框架梁。
Φ10@100/200(2):代表梁箍筋钢筋级别为一级钢筋,箍筋直径为10 mm。加密区箍筋间距为：100 mm。非加密区箍筋间距为：200 mm。箍筋肢数为双肢箍。
2单22:代表梁上铁为2单22通长右置。
G4Φ10:代表腰筋为4Φ10每侧两根，其中Φ代表一级钢。

KL5(3) 左端第一跨详图 1:30

1-1  1:30        2-2  1:30        3-3  1:30

**图 7-18　首层梁配筋图讲解（四）**

KL5(3) 左端第二跨详图 1:30

1-1 1:30　　　　2-2 1:30　　　　3-3 1:30

**图7-19　首层梁配筋图讲解(五)**

KL5(3) 左端第三跨详图 1:30

1-1 1:30　　　　2-2 1:30　　　　3-3 1:30

**图7-20　首层梁配筋图讲解(六)**

首层顶板配筋图 1:100

**图 7-21 首层顶板配筋图（一）**

图 7-22 首层顶板配筋图（二）

图 7-23　首层顶板配筋图详解

二层梁配筋图 1:100

注:
1.除特殊注明外,梁顶标高为7.700 m。
2.图中未注明梁定位为轴线居中。
3.主次梁相交处应在主梁上次梁两侧设附加箍筋,每侧3根,直径及肢数同主梁箍筋,主次梁交接处,附加吊筋、箍筋做法详见16G101-1图集。

图 7-24 二层梁配筋图

注1详解：

KL1(3) 250×500：代表框架梁为三跨。截面尺寸为：梁宽250 mm，梁高500 mm。其中KL代表框架梁。

Ф12@100/200(2)：代表梁箍筋钢筋级别为一级钢筋。箍筋直径为12 mm。加密区箍筋间距为：100 mm。非加密区箍筋间距为：200 mm。箍筋肢数为双肢箍。

2Φ22：代表梁上铁为2Φ22通长布置。

图 7-25　二层梁配筋图详解(一)

图 7-26　二层梁配筋图详解(二)

KL1(3) 左端第三跨详图  1:30

1-1  1:30          2-2  1:30          3-3  1:30

图 7-27  二层梁配筋图详解（三）

二层顶板配筋图 1:100

图 7-28　二层顶板配筋图(一)

注：
1.除特殊注明外，板顶标高为7.700 m。
2.除特殊注明外，板厚为120 mm。
3.▨▨部分为屋面板，板面无负筋处加配⊕8@200温度钢筋，与板受力负筋搭接250 mm。
4.墙身做法应与建筑图核对后施工。

图7-29　二层顶板配筋图(二)

注1详解：

钢筋混凝土楼板上铁为直径10 mm的三级钢，钢筋间距为150 mm。钢筋每边从轴线延伸长度为1900 mm

钢筋混凝土楼板上铁为直径10 mm的三级钢，钢筋间距为150 mm。钢筋每边从轴线延伸长度为1900 mm

钢筋混凝土楼板厚度为150 mm

钢筋混凝土楼板上铁为直径8 mm的三级钢，钢筋间距为200 mm。钢筋从轴线延伸长度为1750 mm

钢筋混凝土楼板下铁为直径8 mm的三级钢，钢筋间距为150 mm。钢筋在此宽度范围内满布

钢筋混凝土楼板下铁为直径8 mm的三级钢，钢筋间距为150 mm。钢筋在此宽度范围内满布

钢筋混凝土楼板上铁为直径10 mm的三级钢，钢筋间距为150 mm。钢筋每边从轴线延伸长度为1900 mm

注3详解：

悬挑板上部受力钢筋，钢筋为直径12 mm的三级钢，间距为200 mm

悬挑板构造钢筋，钢筋为直径8 mm的一级钢，间距为200 mm

钢筋为直径6 mm的2根一级钢。延梁长度方向布置

框架梁下做钢筋混凝土挑边

钢筋为直径8 mm的三级钢，间距为200 mm，延梁长度方向布置

图7-30　二层顶板配筋图讲解(一)

**图 7-31 二层顶板配筋图讲解（二）**

注2详解：

导读：

在温度收缩应力较大的现浇板区域内，应在板表面双向配置防裂构造钢筋。配筋率不宜小于0.10%，间距也不宜大于200 mm。防裂构造钢筋可利用原有钢筋贯通配置，也可另行设置钢筋并与原有钢筋按受力钢筋的要求搭接或在周边构件中锚固。同时一般在双向框架柱之间表面也设置温度筋，是为了防止温差较大而设置的防裂措施。

三层梁配筋图 1:100

注:
1.除特殊注明外,梁顶标高为11.100 m。
2.图中未注明梁定位为轴线居中。
3.主次梁相交处应在主梁上次梁两侧设附加箍筋,每侧3根,直径及肢数同主梁箍筋,
  主次梁交接处,附加吊筋、箍筋做法详见16G101-1图集。

**图 7-32　三层梁配筋图**

三层顶板配筋图 1:100

注：
1.除特殊注明外，板顶标高为11.100 m。
2.除特殊注明外，板厚为150 mm。
3.板面无负筋处加配Φ8@200温度钢筋，与板受力负筋搭接250 mm。
4.墙身做法应与建筑图核对后施工。

图 7-33　三层顶板配筋图

注1详解：

WKL2(3) 250×500:代表屋面框架梁为三跨。截面尺寸：梁宽250 mm,梁高500 mm。其中KL代表框架梁。

Φ10@100/200(2):代表梁箍筋钢筋级别为一级钢筋。箍筋直径为10 mm。加密区箍筋间距为100 mm。非加密区箍筋间距为200 mm。箍筋肢数为双肢箍。

2Φ20:代表梁上铁为2Φ20通长布置。

WKL2(3) 左端第一跨详图  1:30

1-1  1:30          2-2  1:30          3-3  1:30

**图 7-34  三层梁配筋图、三层顶板配筋图讲解（一）**

KL2(3) 左端第二跨详图  1:30

1-1  1:30          2-2  1:30          3-3  1:30

**图 7-35  三层梁配筋图、三层顶板配筋图讲解（二）**

图7-36　三层梁配筋图、三层顶板配筋图详解（三）

图 7-37 一号楼梯平面图

图 7-38　一号楼梯平面图讲解

导读：

此图是楼梯的三层平面图。看此图时，应注意梁、板、柱平面图结合在一起看，注意楼梯与三者之间的相互关系。一般楼梯柱会生根于基础拉梁和框架梁上，在浇筑柱的时候，别忘记柱子的插筋。

图 7-39 二号楼梯平面图

图 7-40 二号楼梯平面图详解

# 参考文献

[1] 中国建筑标准设计研究院.16G101-1 混凝土结构施工图平面整体表示方法制图规则和构造详图（现浇混凝土框架、剪力墙、梁、板）[S].北京:中国计划出版社,2016.

[2] 中国建筑标准设计研究院.16G101-2 混凝土结构施工图平面整体表示方法制图规则和构造详图（现浇混凝土板式楼梯）[S].北京:中国计划出版社,2016.

[3] 中国建筑标准设计研究院.16G101-3 混凝土结构施工图平面整体表示方法制图规则和构造详图（独立基础、条形基础、筏形基础及桩基承台）[S].北京:中国计划出版社,2011.

[4] 中华人民共和国住房和城乡建设部.GB 50010—2010 混凝土结构设计规范(2015 年版)[S].北京:中国建筑工业出版社,2016.

[5] 中华人民共和国住房和城乡建设部,中华人民共和国国家质量监督检查检疫总局.GB 50011—2010 建筑抗震设计规范[S].北京:中国建筑工业出版社,2010.

[6] 陈达飞.平法识图与钢筋计算[M].2 版.北京:中国建筑工业出版社,2012.

[7] 李守巨.平法钢筋识图与算量[M].北京:中国电力出版社,2014.

## 图书在版编目（CIP）数据

平法钢筋识图与算量实例教程. 框架结构/魏文彪主编. —武汉：华中科技大学出版社，2017.3（2023.1重印）
（16G101图集这样用更简单）
ISBN 978-7-5680-2534-8

Ⅰ.①平… Ⅱ.①魏… Ⅲ.①钢筋混凝土结构-结构计算-教材 Ⅳ.①TU375.01

中国版本图书馆CIP数据核字（2017）第013912号

16G101图集这样用更简单
平法钢筋识图与算量实例教程（框架结构）　　　　　魏文彪　主编
PINGFA GANGJIN SHITU YU SUANLIANG SHILI JIAOCHENG (KUANGJIA JIEGOU)

| | |
|---|---|
| 出版发行：华中科技大学出版社（中国·武汉）　　武汉市东湖新技术开发区华工科技园 | 电话：（027）81321913　　邮编：430223 |
| 出版人：阮海洪 | |

| | |
|---|---|
| 责任编辑：宁振鹏 | 责任监印：秦　英 |
| 责任校对：杨　森 | 装帧设计：张　靖 |

印　　刷：广东虎彩云印刷有限公司
开　　本：787 mm×1092 mm　　1/16
印　　张：16
字　　数：409千字
版　　次：2023年1月第1版第6次印刷
定　　价：49.80元

投稿热线：（010）64155588 - 8034
本书若有印装质量问题，请向出版社营销中心调换
全国免费服务热线：400 - 6679 - 118　竭诚为您服务